30天练就超级记忆

SUPER MEMORY

胡庆文 著

中国纺织出版社有限公司

内 容 提 要

良好的记忆是一次识记、终生不忘吗？记忆的好坏是天生注定、难以改变的吗？记忆是一个精巧而复杂的过程，它不仅受到天赋的影响，还能够通过后天的锻炼提高！这本书讲述了世界记忆大师胡庆文的高效记忆秘密。其中包含了串联法、定位法等好用的记忆方法，并辅以大量的实战案例和记忆联想提示，让读者在轻松的阅读中获得高效记忆的密码。不论是记忆语文诗词、历史大事、地理常识还是英语单词，这本书都能给你启发，让你记得更快、学得更好！

图书在版编目（CIP）数据

30天练就超级记忆 / 胡庆文著. -- 北京：中国纺织出版社有限公司，2024.6
ISBN 978-7-5229-1669-9

Ⅰ．①3… Ⅱ．①胡… Ⅲ．①记忆术 Ⅳ．①B842.3

中国国家版本馆CIP数据核字（2024）第073969号

责任编辑：郝珊珊　　责任校对：王蕙莹　　责任印制：储志伟

中国纺织出版社有限公司出版发行
地址：北京市朝阳区百子湾东里A407号楼　邮政编码：100124
销售电话：010—67004422　传真：010—87155801
http://www.c-textilep.com
中国纺织出版社天猫旗舰店
官方微博 http://weibo.com/2119887771
鸿博睿特（天津）印刷科技有限公司印刷　各地新华书店经销
2024年6月第1版第1次印刷
开本：710×1000　1/16　印张：11.5
字数：148千字　定价：49.80元

凡购本书，如有缺页、倒页、脱页，由本社图书营销中心调换

前言 PREFACE

如今,越来越多的电视综艺节目中出现了神奇记忆法的表演,这让曾经很神秘的记忆术渐渐走进了人们的视野。越来越多的人抱着功利的心态开始学习记忆法,认为只要掌握了记忆法,不论什么科目,都能轻松过关。其实这是一种误解,记忆法并不是万能的,也没有我们想象中那么神奇。

要想掌握一门专业知识,并不是简单地记住书本上的一切就够了。如果只需要记忆,那有个好记性确实占优势,但绝大多数的专业知识中,纯粹需要记忆的知识点可能不超过30%。即便是大家公认的司法考试、公务员考试、会计师考试等需要大量记忆的文科类考试,其实更多的也是考查我们对知识的理解和运用能力,考查的是逻辑思维。由此看来,记忆并不是在学习中起决定性作用的。

当然,对于需要记忆力去解决的知识,好记性仍然是非常重要的。在学习中,好记性会为我们减轻很多负担。记忆效率高,可以帮我们在学习过程中节省很多时间,提升学习效率。科学研究表明,人的生理记忆力几乎是天生的,大脑固有的这种记忆力很难改变。但是,我们可以运用一些技巧来帮助记忆,这些技巧就是我们熟知的记忆法。

本书结合人的记忆特点,讲述了很多平时学习和生活中实用的记忆方法。第1章和第2章讲述了人脑的记忆特性、记忆的核心原理以及人类的记忆思维习惯，然后针对人的记忆习惯介绍了几种常用的记忆方法。第3章至第6章讲述了记忆法在语文、历史、地理、生物、英语等学科中的运用，并针对每种不同的知识点详细地举了例子，讲解生动、深入浅出。第7章主要是对记忆法的延伸，是对竞技表演记忆力项目的解密。

整本书针对我们生活和学习中所遇到的需要记忆的信息类型进行了划分，并且列举案例进行了讲解。由于篇幅有限，有些内容尚未涉及，此书仅为抛砖引玉，希望能够给读者带来思维上的启发。

目录

1 第1章
一切知识,只不过是记忆

- 002　第1节　记忆是对过去经验的反映
- 003　第2节　记忆包括识记、保持、再现(再认)三个环节
- 004　第3节　记忆的类型
- 007　第4节　会工作的人会选择记忆
- 008　第5节　记忆的效果评价

2 第2章
高效记忆的秘密

- 012　第1节　有效果比有道理更加重要
- 012　第2节　"灵活"和"以熟记新"是两大原则
- 013　第3节　"三个代表"让记忆更高效
- 014　第4节　高效记忆的四个步骤
- 016　第5节　及时复习能克服遗忘
- 021　第6节　记忆达人的五种能力
- 022　第7节　记忆法的两大思维
- 023　第8节　高效记忆之串联法

001

028	第9节　高效记忆之定位法
033	第10节　高效记忆之数字编码定位法
040	第11节　高效记忆之地点定位法
043	第12节　高效记忆之文字转换技巧
054	第13节　高效记忆之逻辑联想技巧

3

第3章
语文知识高效记忆

058	第1节　生僻字记忆方法
059	第2节　易混成语记忆方法
061	第3节　如何记忆文学常识中的各种"第一"
063	第4节　如何记忆文言文实词、虚词、借代词语
064	第5节　如何记忆作者和对应的作品集
065	第6节　数字编码定位法记忆长篇诗词
069	第7节　地点定位法记忆长篇诗词
072	第8节　图像记忆法记忆诗词
074	第9节　联想串联法记忆诗词
076	第10节　现代文的记忆方法

4

第4章
历史知识高效记忆方法

| 080 | 第1节　历史大事年代表记忆法 |

| 083 | 第2节 | 各种小知识点的记忆技巧 |
| 084 | 第3节 | 问答题、简答题的记忆技巧 |

5

第5章
地理、生物知识高效记忆

090	第1节	联想串联法记忆世界之最
092	第2节	编码法记忆地理、生物数据类信息
094	第3节	高效记忆各类常识

6

第6章
英语单词一遍记得牢

098	第1节	单词记忆的原理
099	第2节	提高单词记忆效率的步骤
101	第3节	背单词前必须掌握的词根
107	第4节	运用记忆法记单词时应避开的误区
108	第5节	单词高效记忆之字母编码法
116	第6节	单词高效记忆之字母拼音法
118	第7节	单词高效记忆之谐音法
120	第8节	单词高效记忆之字母熟词分解法
124	第9节	单词高效记忆之归纳比较法
131	第10节	单词高效记忆之词素记忆法

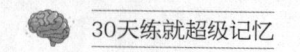

7 第7章
解密竞技表演记忆力比赛项目

- 162　第1节　如何5分钟记住100个无规律数字
- 165　第2节　如何做到2分钟记住一副打乱的扑克牌
- 168　第3节　《最强大脑》"广场迷踪"项目解密
- 169　第4节　《最强大脑》"特工风暴"项目解密
- 172　第5节　《最强大脑》"窃听风云"项目解密

第 1 章

一切知识，只不过是记忆

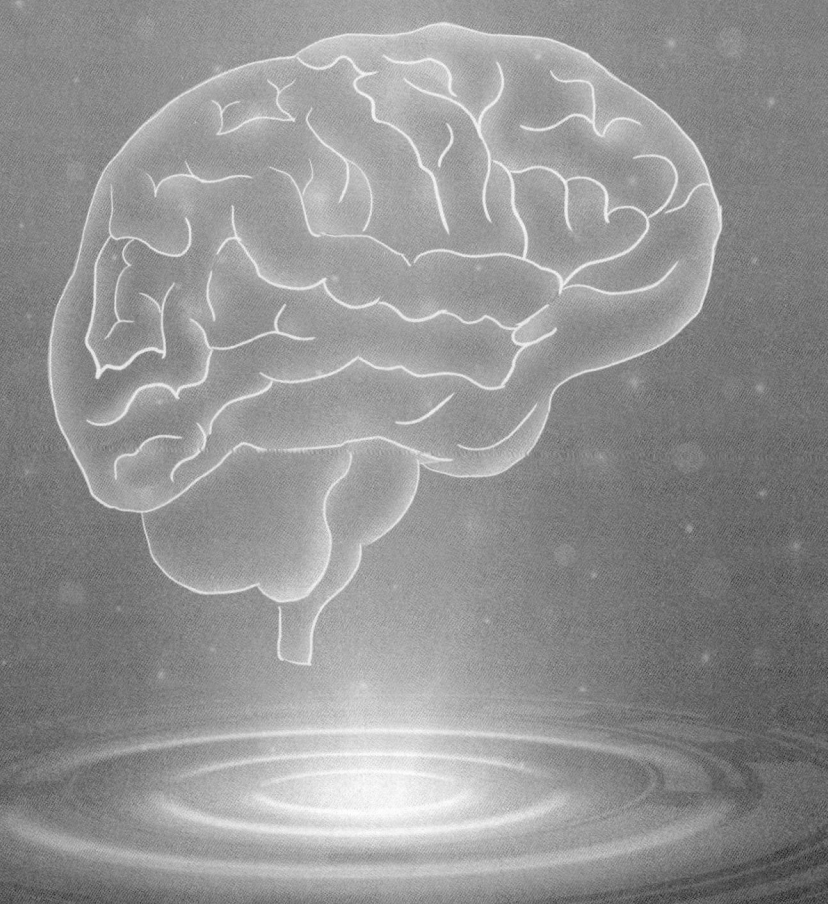

第1节 记忆是对过去经验的反映

一切知识，只不过是记忆。

——培根

记忆是人类生存发展的基本能力之一，是人类智能的因素、学习的基础，也是完成各项工作的基本保障。在崇尚"学习改变命运，知识成就未来"的今天，拥有良好的记忆能力就显得尤为重要。那么，什么是记忆？

记忆在不同的学科领域有着不一样的定义，总的来说，记忆可分为广义记忆和狭义记忆。广义记忆泛指大自然的记忆和生命活动的记忆，狭义记忆单指大脑的记忆。下面我们就具体谈一下狭义记忆。

记忆是过去经验在大脑中的反映。这些经验都以映象的形式存储在大脑中，在一定条件下，这种映象又可以从大脑中提取出来，这个过程就是记忆。

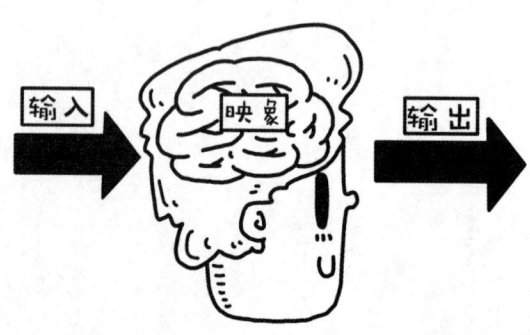

 ## 记忆包括识记、保持、再现（再认）三个环节

记和忆是两个过程。原块（自然界的事物）刺激感觉神经后，在神经末梢形成感块，通过生物电流到达大脑内储存，形成记块，这一过程被称为记。忆则是将记块提取出来的过程。

不是全部记块都可以被唤醒成为忆块。记块能否形成忆块，与时间、感块、原块的刺激程度、思维过程、感觉深度、随机性和生物钟有关。记块和忆块之间有时还存在微妙的差别，也就是说，记忆可能失真。

心理学家将记忆的过程分为识记、保持、再现（再认）三个基本环节。

（1）识记：记忆的第一个环节，是记忆者识别、记住事物的过程。

（2）保持：第二个环节，是识记过的事物在头脑中储存和巩固的过程。

（3）再现（再认）：第三个环节，再现是指识记过的事物能被回想起来，再认是指识记过的事物再次出现时能够被认出来。

在这三个环节中，识记是保持和再现（再认）的前提，而再现（再认）又是识记与保持的结果。

我们称"识记、保持、再现"为回想记忆，"识记、保持、再认"为再认记忆。

再认记忆是一种"不看不知道，一看就知道"的记忆。某一事物是我们已经识记过的，但想不起来，再次遇见时却能认出来。比如，你昨天学习了

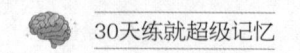

good（好）、food（食物）、mood（心情）和wood（木头）4个英语单词，今天只能再现good、food和mood这3个单词的中文意思，不能再现wood的中文意思，不过你能选中wood对应的中文意思"木头"，此时你对wood中文意思的记忆就是一种再认记忆。

我们所做的选择题，考查的其实就是对知识的再认能力。通过复习，对知识的再认就能转变为对知识的再现。

第3节 记忆的类型

一、按记忆内容分类

记忆按其内容可以分为五类。

（1）形象记忆：对感知过的事物形象的记忆。

（2）情景记忆：对亲身经历过的，有时间、地点、人物和情节的事件的记忆。

（3）情绪记忆：对自己体验过的情绪和情感的记忆。

（4）语义记忆：又叫语词—逻辑记忆，是用词语概括的各种有组织的知识的记忆。

（5）动作记忆：对身体的运动状态和动作技能的记忆。

二、按记忆保持时间分类

记忆按信息存储的保持时间可以分为三类。

（一）瞬时记忆

瞬时记忆又称感觉记忆或感觉登记，是指外界刺激以极短的时间一次呈现后，信息在感觉通道内迅速被登记并保留一瞬间的记忆。由于瞬时记忆的信息在感觉通道内已登记，所以，瞬时记忆具有鲜明的形象性。

相对短时记忆而言，瞬时记忆保存的信息量较大，但它们都处于相对未加工的原始状态。瞬时记忆被保留的时间很短，只有加以注意，信息才能转入短时记忆，否则，没有被注意到的信息很快便会消失。

一般认为，图像记忆的保持时间为0.25～1秒，容量为9～20个项目；声像记忆的保持时间大约2秒，容量为5个项目。

（二）短时记忆

短时记忆是指外界刺激以极短的时间一次呈现后，保持时间在1分钟以内的记忆。短时记忆的容量有限，一般人的短时记忆广度平均值为7±2个。

如果超过短时记忆的容量或在记忆过程中有其他的活动干扰，短时记忆就可能发生遗忘。如果呈现的材料是有意义、有联系或是熟悉的，记忆广度则可以增加。例如，将单个的汉字（人、学、机）变成双字的词（人民、学习、机器）来记，记忆的容量便可扩大一倍。语言文字的材料在短时记忆中多为听觉编码，即容易记住的是语言文字的声音，而不是它们的形象；对非语言文字材料的记忆主要是形象记忆，而且视觉形象占有更重要的地位。此外，也有少量的语义记忆。

短时记忆的信息经过复述，不管是机械复述，还是运用记忆术所做的精细复述，都可以转入长时记忆。

（三）长时记忆

长时记忆是指永久性的信息存储，一般能保持多年甚至终生。它的容量似乎是无限的，它的信息以有组织的形式被贮存起来。长时记忆的信息主要是对短时记忆内容加以复述而来，也有由于印象深刻一次形成的。

自19世纪末期艾宾浩斯开始对记忆进行实验研究以来，大量心理学家开展了有关长时记忆的研究，研究的课题主要集中在长时记忆中信息的组织和遗忘的规律，这个内容在后文中会讲到。

可以通过下表对这三种记忆进行比较。

记忆类型		保存时间	储存容量	遗忘原因	形成条件
瞬时记忆	图像	0.25~1秒	9~20个项目	痕迹消失	外界刺激器官瞬间
	声像	约2秒	5个项目		
短时记忆		1分钟	7±2个项目	信息干扰	瞬间记忆受到注意
长时记忆		永久	无限	缺乏回忆线索	短时记忆得到复述或有效刺激

了解记忆的类型，可以帮助我们更好地了解自己的记忆情况，根据记忆的特点调整学习方式，从而提高学习效率。

# 第4节 会工作的人会选择记忆

从信息加工的角度来讲，记忆是对信息的选择、编码、存储和提取的过程。

当回忆一部看过的电影时，能回忆起的为什么只是部分情节，而不是完整的情节？能回忆起来的这些情节往往是比较动人，能给我们留下深刻印象的。其实我们的记忆是有选择性的，这一特性有利于减轻大脑的负担。

大侦探福尔摩斯曾说过这样一段话："我认为人的脑子就像一座空空的阁楼，应该有选择地把一些家具装进去。只有傻瓜才会把他碰到的各种各样的破烂儿一股脑儿装进去。这样一来，那些对他有用的反而被挤出来；或者，最多不过是和许多其他东西掺杂在一起。因此，在取用的时候也就感到困 难了。所以，一个会工作的人，在他选择要把一些东西装进他那间小阁楼似的头脑中去的时候，确实是非常仔细而小心的。"

福尔摩斯提出的选择学习和选择记忆的观点，确实值得我们深思。在信息、知识爆炸的21世纪，我们更应该懂得有选择性和系统性地学习，记忆也是如此。如果不加选择地把所有信息都装进自己的大脑，那么人脑跟一个垃圾桶有什么区别呢？

所以，我们在记忆时要选择那些对自己的学习起关键作用的、有重要意义的信息。

第5节 记忆的效果评价

一般根据什么来判断人的记忆品质呢？一个人的记忆力水平，可以从记忆的敏捷性、持久性、正确性和备用性四个方面来衡量和评价。

（一）敏捷性

记忆的敏捷性是指个人在一定时间内能够记住的事物的数量，它体现了记忆速度的快慢。事实上，人们记忆的速度存在明显的差异。例如，同样的信息，有的人重复5次就记住了，而有的人却需要重复26次才能记住。

记忆是否敏捷取决于条件反射形成的速度。条件反射形成得快，记忆就敏捷；条件反射形成得慢，记忆就迟钝。要增强记忆力，首先就要提高记忆的敏捷性。

要想达到这个目的，一是平时要加强锻炼，通过锻炼使自己的记忆敏捷起来；二是在记忆时要集中注意力；三是要充分利用原有的知识，也就是在原有的条件反射基础上去建立新的条件反射，这样记忆就会逐渐敏捷起来。

（二）持久性

记忆的持久性，顾名思义，就是指记忆的事物在头脑中保持的时间。它是记忆巩固程度的体现。仅具有敏捷性还不能被称为良好的记忆，记得快也忘得快，那就没有什么实际意义了。所以，良好的记忆必须具备的第二个特性就是持久。

人人都希望自己的记忆持久，但是仅仅持久是不够的，如果不善于灵活运用也是枉然。既有持久性又能灵活运用，才能牢固地掌握所学到的知识。

记忆不持久，与对大脑的有效刺激不够或复习记忆密度不够有关。要经常在适当的时机进行复习，使记忆内容不断强化从而得到巩固，这样才可以使记忆持久。

（三）正确性

记忆的正确性是指对原来记忆内容性质的保持。一个人的记忆，如果既敏捷又持久，记得又快又牢固，却记错了，那么这样的记忆也毫无用处。

如果记忆总是不正确，那它只能对我们的知识学习和经验累积效果起反作用。就像开汽车时弄反了方向，开得越快，距离目的地越远。所以，正确性是良好记忆的重要标准。

（四）备用性

记忆的备用性是指能根据自己的需要，从记忆中迅速而准确地提取所需要的信息。记忆的备用性是决定记忆效能的主要因素，是判断记忆品质最重要的标准。

记忆的备用性也是记忆的敏捷性、持久性、正确性、系统性和广阔性的体现。人们进行活动的目的是储备知识，并使之备而有用、备而能用。记忆如果没有备用性，就失去了存在的价值。

记忆的四种品质是有机联系、缺一不可的。为了拥有良好的记忆能力，就必须使自己具备所有优秀的记忆品质。单纯强调记忆品质中的任何一个方面都是片面的。所以，检验一个人记忆力的好坏，不能单看某一方面的品质，必须从四个方面去全面衡量。

第 2 章

高效记忆的秘密

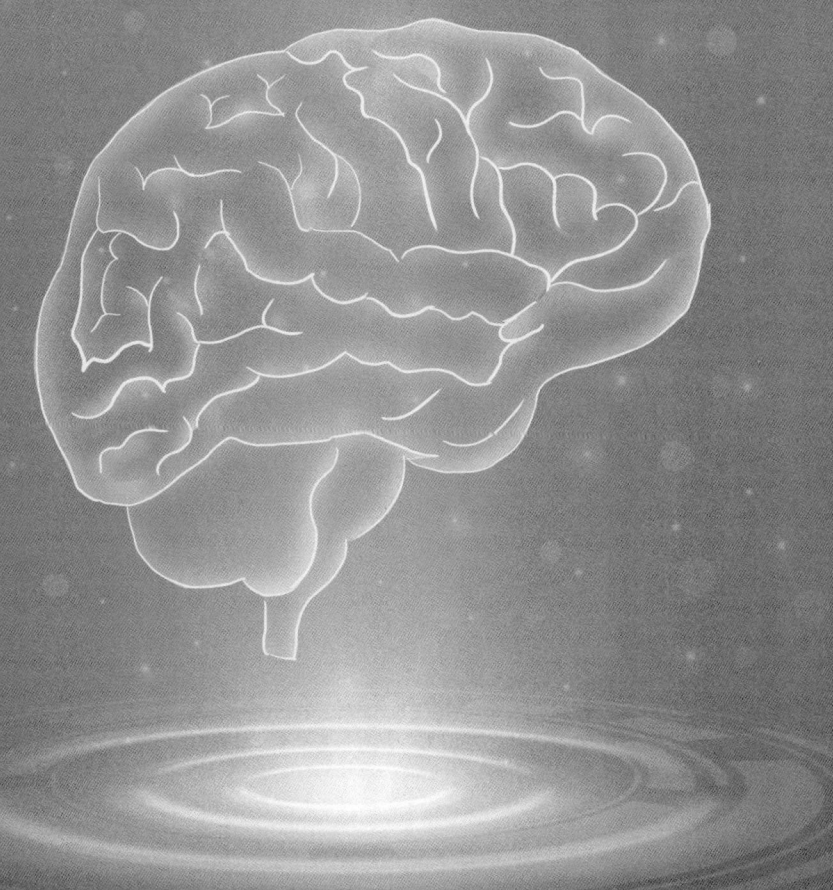

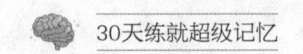

第1节 有效果比有道理更加重要

在学习过程中，不管你用的是什么方法，只要是能节省时间、节省精力并能达到预期记忆效果的方法就是好方法。

所以，在使用记忆术的时候，我们要把焦点放在效果上，在记忆效果不好的时候，要好好反省自己所用的方法是否适合自己。

有很多人明明知道自己的方法没有效果，但还是日复一日地重复着自己惯用的记忆模式。所以，我们需要做的是先在观念上变通，再在方法上变通，如此，记忆的效果就会完全不一样！

第2节 "灵活"和"以熟记新"是两大原则

高效记忆术所有的技巧都建立在"灵活"和"以熟记新"这两个原则上。

（一）灵活原则

条条大道通罗马。对于同一种信息的记忆，一般有三种以上的记忆方法。有的人思维方式单一，缺乏多角度思考的习惯，他们如果在记忆的时候，思想再开阔一点、再灵活一点，记忆的效果将会大大不同。更重要的是,从多角度进行思考,还能够唤醒我们的创造性思维。

(二)以熟记新原则

以熟记新原则包括联想和理解原则。在世界各国顶尖记忆高手对记忆术的总结中,最简单的一句话就是:你想记住什么事物,就要把这一事物与你熟悉的事物联系起来。

用已有的知识学习新的知识是人类记忆的一条基本准则,这也是要理解知识才能更好地记忆知识的原因。而理解知识就要使用你过去的知识和经验。在心理学上,我们说要懂得进行"学习的迁移"。

若你能把灵活与以熟记新这两点都抓好,你的思维会更加流畅,记忆的天地会更加开阔。

第3节 "三个代表"让记忆更高效

"三个代表"是指关键词代表、密码代表和定位代表,它们是实现高效记忆的前提条件。

关键词代表主要用于记忆书、文章或篇幅较多的内容,为了提高记忆效果,要善于找关键词,通过关键词把内容快速记住。在找关键词时,要分三步走,第一步是寻找重点,第二步是还原关键点,第三步是对照关键点。这一点我们会在实战部分具体讲解。

密码代表讲的是,我们可以根据材料的性质,设置一系列代码,从而提高记忆的效果。比如我们记忆"gloom[glu:m] n. 郁闷，忧郁，阴暗"这个单词时，把"gloo"设密为"9100"，"m"设密为"米"，然后进行记忆：让我跑9100米，我很郁闷。

当我们利用密码代表时，记忆会变得轻松而有趣。关于如何设置密码和如何使用这种方法，在介绍如何记忆英语单词时会更深入地阐述。

定位代表是为了帮助我们快速识记、快速储存和快速提取信息而建立的储存信息的文档。它能使大脑更有条理、更有序、更有组织地管理和提取记忆的信息。

高效记忆的四个步骤

记忆就像做一道菜或是造一艘木船，是有步骤的。人的记忆要想变得高效，也要分四步走。

（1）通读简化
（2）选择方法
（3）奇像记忆
（4）科学复习

通读简化主要是指在记忆任何材料的时候，都要先快速地浏览一遍，从整体上把握记忆内容，在理解的基础上，对记忆的内容进行分析简化，抓住重点，然后记忆。对于一些根本无法理解的记忆材料，我们可以利用联想技巧来解决。

一般来说，一本书只有10%～20%的内容是我们真正需要记忆的。而对于一些较简短的材料，我们也应该简化为关键词来记忆。对记忆的内容进行分析简化后，最好能形成笔记，以利于复习。

选择方法是指我们灵活运用适合的方法快速地记忆简化后的信息，而不是一拿到材料就毫无技巧、无休止和机械重复地记。

奇像记忆也称奇幻联想记忆，是指为了达到良好记忆效果而人为地制造识记材料间的奇幻联想来进行记忆的方法。

奇像记忆的核心是想象、创造奇幻的谐音和联想，它以联想和谐音作为信息储存的载体和工具，以联想和谐音作为信息提取的线索。它要求记忆者必须善于观察，能抓住识记信息的某个特点，运用想象力、创造力制造联想和谐音。

在制造联想时，要尽可能使之夸张荒诞、违背逻辑、脱离现实，从而给记忆者的各种感官神经造成强烈冲击，使记忆者留下深刻的印象。

科学复习是为了与遗忘作斗争。遗忘是记忆的规律之一，学习过的知识如果不经常使用，很有可能被遗忘。要想将知识精确、牢固地保持在记忆中，就要通过科学复习进行思考和理解，从而获得新的认识和体会，达到"温故而知新"的效果。

在高效记忆的四个步骤中，第一、第二、第三步是针对具体的记忆信息提出的，第四步是为了巩固记忆成果提出的。

高效记忆的四个步骤是环环相扣、缺一不可的。只有通过这四步，你才能记得快、记得多、记得牢。

第5节 及时复习能克服遗忘

科学复习包括计划科学的复习时间和使用科学的复习方法。复习在时间规划上的重要原则就是及时。那么，我们为什么要进行及时复习呢？

一、遗忘规律

由前面章节的内容我们了解到，根据脑科学的原理，不同类型的记忆有不同的保持时间，由于瞬时记忆保持时间太短，在研究记忆规律时，我们通常只关注短时记忆和长时记忆。我们平时的记忆过程如下图所示。

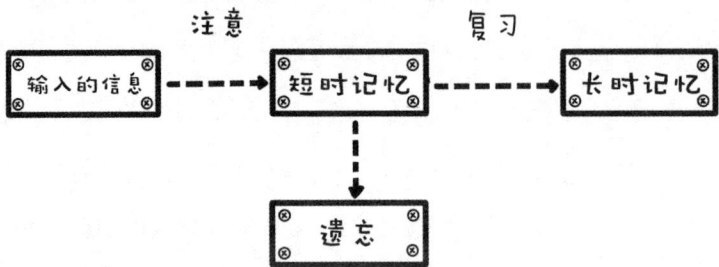

输入的信息在经过注意后，便形成短时记忆，经过及时复习，这些短时记忆就会成为长时记忆，在大脑中保持很长的时间。但是如果不进行及时

复习，就会发生遗忘。

有人常说自己记忆力不够好，说自己记得快、忘得快。其实从根本上来说，是记忆习惯有问题。复习的一个重要原则就是"多次少时"。怎么理解呢？就是当我们记住一段信息后，在短期内要频繁地复习，随着时间的推移，复习频次可以逐步减少。

例如，在花1小时记了40个英语单词后，绝大部分人的做法是将这些单词放到一边，基本上不会再去碰。如果两三天后再来检验记忆效果，他们会发现自己绝大多数都不记得了。别说两三天，哪怕只是半天后来检查，也会发现自己至少忘掉了一半。假设重新记忆一次需要30分钟，但如果记完了又放到一边，那么一个月后就会发现印象又不深刻了，又得重新记忆。前后算下来，真正想记住这40个单词，至少得花掉4小时。

一直以来，经验告诉我们，人的大脑就是这样的，我们也早已习以为常。通常我们的解决办法是忘记了就再重新拿出来记一遍，如此下来，耗时费力，事倍功半，效率低下。

其实，只要稍微改变一下我们的记忆习惯，就会收到很大的成效。如何改变呢？还是刚才那个例子，比如我们记忆了40个英语单词，如果我们可以在记完后20分钟以内花5分钟复习一次（有时候复习其实很简单，并不需要拿着书本看，在脑海里回忆一遍也是可以的），1小时后再花5分钟复习一次，晚上再复习一次，认真地复习三次，你就会发现绝大多数单词你都记住了。

再回过头来想想，后者对比前者，我们多花了时间去记忆吗？并没有。我们只是把时间合理地分配，只是稍微改变了一下记忆的习惯，就可以收到奇效，可谓事半功倍。

德国心理学家艾宾浩斯对遗忘进行了深入的研究，他在做遗忘实验的时候，把自己作为测试对象，得出了一些关于记忆的结论。他选用了一些根本没有意义的音节，也就是不能拼出单词的众多字母的组合作为记忆材料，比如asww、cfhhj、ijikmb、rfyjbc等。他经过测试，得到了一些数据，详见下表。

时间间隔	遗忘率（%）	保存率（%）
刚刚记忆完毕	0	100
20分钟后	41.8	58.2
1小时后	55.8	44.2
8~9小时后	64.2	35.8
1天后	66.3	33.7
2天后	72.2	27.8
6天后	74.6	25.4
1个月后	78.9	21.1

然后，艾宾浩斯根据这些点描绘出了一条曲线，这就是著名的揭示遗忘规律的曲线——艾宾浩斯遗忘曲线。图中纵轴表示记忆保存率，横轴表示时间（天数），曲线表示记忆保存量随时间变化的规律。

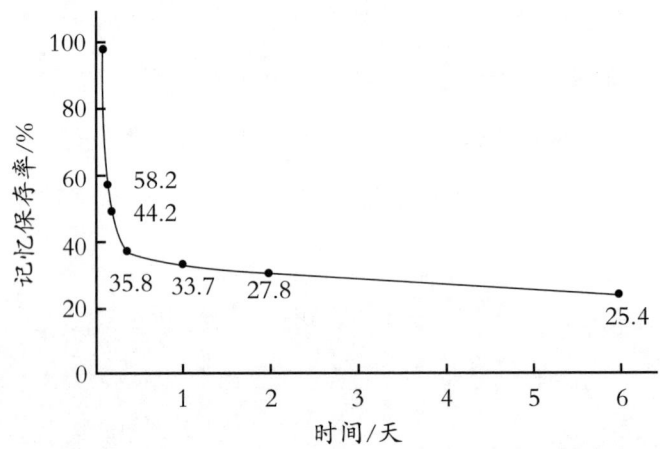

这条曲线告诉人们，在记忆的最初阶段，遗忘的速度很快，而且遗忘得很多，后来就逐渐减慢了，到了相当长的时间后，几乎就不再遗忘了，这就是遗忘的规律，即"先快后慢"。

观察这条遗忘曲线，你会发现，学到的知识在一天后，如不抓紧复习，就会只记得其中的30%。随着时间的推移，遗忘的速度减慢，遗忘的数量也会减少。最后记得的那一点信息，就是我们在记忆这些信息的过程中潜意识觉得比较重要从而选择重点记忆的，或者是我们已经比较熟知的一些常识。

二、不同性质的材料有不同的遗忘曲线

艾宾浩斯还在关于记忆的实验中发现，要记住12个无意义的音节，平均需要重复十五六次；要记住36个无意义音节，需要重复54次；而要记忆六首诗的480个音节，平均只需要重复8次！这个实验告诉我们，人们在记忆能被理解的知识时，更可能记得迅速、全面而牢固。因此，比较容易记忆的是那些有意义的材料，而那些无意义的材料在记忆的时候比较费力气，在以后回忆的时候也很不轻松。因此，艾宾浩斯遗忘曲线充分证实了一个道理，学习要勤于复习，而且记忆的理解效果越好，遗忘得也越慢。

我们在平时学习的过程中，经常要记忆一些没有逻辑的抽象信息，死记硬背是费力不讨好的。利用记忆法进行信息转化，能使学习的内容由枯燥变得有趣，由艰辛变得轻松，从而使大家以轻松愉悦的心态快速掌握学习内容，彻底消除在学习中对"记"的恐惧感，从而能够真正体会到快乐学习的好处。

三、及时复习

给大家介绍遗忘的规律，目的是让大家知道复习的重要性。更为重要的

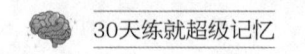

是，遗忘规律对记忆与学习的指导作用是显而易见的。传统观念认为，复习的次数越多，记忆就会越牢固，其实并非如此。

复习在"精"而不在"多"，关键是在记忆结束后的10分钟到1小时以内及时进行抢救性复习，否则，在遗忘已经大面积发生后再来补救，既浪费时间又收效甚微，学习效果自然大打折扣。

在现实的学习当中，很多学习者不能做到及时复习。即使复习了，也由于没有掌握科学的复习时间和方法而事倍功半。根据遗忘的规律（先快后慢），科学安排复习时间是巩固和保持记忆效果的必要手段。

对于1小时的学习内容，按照下面的最佳时间间隔和每次的时间限制去复习，会产生令人惊喜的效果。

第一次复习：10分钟后——复习10分钟

第二次复习：1天后——复习2~4分钟

第三次复习：1周后——复习2分钟

第四次复习：1个月后——复习2分钟

第五次复习：6个月后——复习2分钟

第六次复习：1年后——复习2分钟

当然，上面列出的六次复习时间，是总体的复习时间安排。由于不同的人有不同的遗忘曲线，我们还要坚持及时复习的原则。也就是说，当你发现自己对一个信息的记忆模糊不清时，最好赶快进行复习。

复习是巩固记忆最有效的手段，我们应该充分重视。复习时应当先密后疏，即学习后跟进的复习时间安排应间隔较短，以后逐次拉长复习的间隔时间，经过几次复习，短时记忆便会向长时记忆转变。同时，记住学习内容后，最有效的抗遗忘方法就是经常使用你学到的知识。

 记忆达人的五种能力

要成为记忆达人，就得具有五种能力。

（1）注意力
（2）观察力
（3）想象力
（4）创造力
（5）转换力

注意力是一切记忆的心理基础。如果注意力不集中，就会很难记住要记的信息。记忆法能给记忆者带来记忆的乐趣，所以能有效地提高记忆者的注意力。

观察力的有效引入能使我们避免机械记忆，灵活处理信息的概念使我们

可以多角度地看问题，从而多角度地进行记忆。只有养成观察事物的习惯，灵活处理信息的能力才能真正派上用场，尤其在记忆英语单词时，观察一个单词对于记忆单词很重要。

想象力和创造力在这里是包含关系。想象包含创造，但想象不一定是创造，创造则一定有想象。这两个方面与记忆法的应用熟练程度关系密切。想象力与创造力是无处不在的，几乎每一刻我们都在应用这方面的能力，只是我们没有意识到。

应用想象力和创造力时，有一个规则是：没有对错，只看有无效果。在记忆时，夸张和不合乎逻辑的想象可能会收到意想不到的效果。

转换力是指利用谐音、加减字、倒字、替换、望文生义等技巧，把那些抽象的、难以理解的信息转换成具体形象或是可以理解的信息的能力，即信息转换的能力。同时，谐音、加减字、倒字、替换、望文生义也是记忆法的信息转换法则。熟练掌握这些法则，记忆就会变得有趣而轻松。

让我们通过后面的学习和训练来提升这五种能力，成为记忆达人吧！

第7节　记忆法的两大思维

一、逻辑思维（logical thinking）

逻辑思维是人们在认识过程中借助概念、判断、推理等思维形式能动地反映客观现实的理性认识过程，又称理论思维。它是基于对认识者的思维及其结构以及起作用的规律的分析而产生和发展起来的。

只有依靠逻辑思维，人们才能实现对具体对象本质的把握，进而认识客观世界。它是人的认识的高级阶段，即理性认识阶段。

逻辑思维是思维的一种高级形式，是符合世间事物之间关系（合乎自然规律）的思维方式。我们常说的逻辑思维主要指遵循传统形式逻辑规则的思维方式，也常被称为"抽象思维（abstract thinking）"或"闭上眼睛的思维"。

二、转换思维

在解决问题的过程中遇到障碍时，把问题由一种形式转换成另一种形式，可以使问题变得更简单、更清晰。转换思维在记忆法中运用得非常多，例如文字的转换、意思的转换等。比如，记忆"西汉时期纸被发明出来"就可以运用转换思维，把"西汉"转换成"吸汗"。

第8节 高效记忆之串联法

联想是记忆的基础。将两个毫无关系的信息，以一个简单、直接、有趣的故事联系起来，使之互相成为线索，这样在回忆信息A时，便会自然地想起信息B，回忆信息B时，便会自然地想起信息A。在编故事时，我们必须留

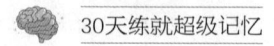

意以下几点。

图像：我们必须能看到故事如何发生，右脑才会参与记忆，而所看到的图像清晰度因人而异，经过不断练习，图像清晰度便会自然提高。

动作：信息之间加上动作，可刺激我们的右脑，使记忆更牢固。

夸张：故事可以是非常夸张、无现实可能的，这些元素都是刺激我们右脑记忆的重要秘诀。

五官感觉：我们可以在故事情节中加入声音、颜色、气味、味道及触感，刺激我们的五官参与记忆。

联想练习

练习1

蟹—报纸　跑步—名片　铅笔—猫　手枪—计算机　三明治—卷尺
鸡翅—复印机　胶布—帆船　蜗牛—打字　飞机—菊花　火锅—眼镜

练习2

红豆—教科书　账单—梳妆台　教堂—笔筒　白云—公主　诊所—蚂蚁
印章—报纸　温泉—补习班　孔雀—鸡蛋　和尚—喇叭　气管—户口

什么是串联法？就是在脑海里把材料编成一幅幅图像，然后把图像像锁链一样串起来。串联法与故事法很类似，区别在于串联法强调的是图像，不一定要有故事情节，而故事法强调的是情节，不一定要有图像。

串联有三种方法：前后串联、故事串联和混合串联。下面以记忆"牛屎—司令—单车—木棍"为例来说明三种方法的差异。

（一）前后串联

想象图像：牛屎上坐着一个司令，司令踩着单车，单车上放着一根木棍。

（二）故事串联

想象图像：我把牛屎掷在一个司令脸上，他很愤怒。我踩着单车逃跑，他就拿着木棍追着我打。

（三）混合串联

想象图像：我把牛屎掷向司令的单车，单车上载着很多木棍。

上面三种类型的串联法其实区别并不大，主要区别在于前后串联仅仅是单纯地把前面的信息和后面的信息联结到一起，故事串联虽然也是前后联结，但是中间加入了一点故事情节，混合串联同样也少不了前后联结，但是没有严格的前后顺序，为了让联想更生动，可能会把前面用过的信息再用一次。

使用串联法要遵循以下三个原则。

（1）有具体的图像。当我们把记忆材料转换成图像时，这个图像要具体形象，不可以似是而非。比如记忆"仪器"这个词语时，仪器的种类很多，当我们转换成图像时要具体到某一种仪器，是显微镜还是医学方面的其他仪器。

（2）图像两两相连并接触。这个原则告诉我们，两个毫无关联的信息经过加工处理后，一定要产生联系，要保证这两个图像是紧密接触的。比如小猫和苹果，我们可以说小猫在吃苹果，也可以说小猫用脚踢苹果，但是不可以说小猫爱苹果，也不可以说小猫旁边有个苹果，因为后两种情况中，小猫和苹果并没有两两相连。

（3）一般使用动词连接。观察刚才列举的"小猫和苹果"这个例子，我们会发现前面两个正确的案例有点像英语语法里的正在进行时，是可以看得见、想得到的动作。转化成动作以后，我们的大脑里会浮现一个画面，如此便可以加深印象，起到帮助记忆的效果了。

通过前面的例子，我相信大家应该大概知道串联法是怎么回事了。方法很简单，但很实用。可能很多读者这时候会认为自己已经掌握了这种方法，其实不然，我们仅仅知道了方法，知道了原理，就好比我们看到魔术师变了一个很震撼的魔术，然后魔术师给我们揭示了这个魔术的奥妙，难道这时候我们就会变魔术了吗？其实并不然，我们只是知道了他是如何做到的，但是不等于我们自己也会做。所以，知道了方法不等于拥有了能力，方法和技术是需要训练才可以获得的。

希望各位读者一定要纠正一个错误思想，就是当你们看记忆法的书时，不要一味追求多看书或者是多学方法，要重视训练，在学习一种方法时，一定要勤于训练，当你可以轻而易举地记住那些记忆材料时，才表示你已经具备了这个能力，真正地掌握了这个方法。

下面就让我们一起来训练，希望大家可以认真地完成下面的练习。

规则：一遍将这些词语记完，然后合上书本，检验自己记住了多少。

面包　铅笔　裙子　松鼠　妈妈　足球　猴子　拐棍　龙　乌云　闪电　男孩　电视

训练一遍肯定是不够的，为了让大家能掌握得更牢固，下面我给大家罗列了几组词语，请各位读者认真练习，训练量的大小视个人情况而定。

串联练习

练习1

蟹→报纸→跑步→名片→铅笔→猫→手枪→计算机→三明治→卷尺→鸡翅→复印机→胶布→帆船→蜗牛→打字→飞机→菊花→火锅→眼镜

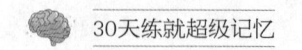

练习2

红豆→教科书→账单→梳妆台→教堂→笔筒→白云→公主→诊所→蚂蚁→印章→报纸→温泉→补习班→孔雀→鸡蛋→和尚→喇叭→气管→户口

练习3

记者→老鼠→橙汁→运动会→太平洋→温度计→彩虹→牙刷→河流→苹果→榴梿→乳猪→乌龟→焗炉→手指→奶粉→五指山→邮票→汽车→啤酒

练习4

狮子→妈妈→牛油→火箭→公仔面→小偷→洗衣机→手臂→大学→肥皂→可乐→家庭主妇→炸药→冬菇→鲸鱼→新闻→沼泽→询问处→酒店→书架

练习5

毛衣→电话→胡子→书桌→订书机→牙刷→玫瑰花→胶片→硫黄→猪肉→书店→写字夹→档案→花园→小狗→菜心→会议→牛仔裤→树枝→墨鱼

第9节 高效记忆之定位法

　　学习和生活中遇到的信息往往有长有短，对于一些比较短小、琐碎的信息，我们可以用串联法将其连在一起，使其变得简单易记。假如遇到一些比较长的信息，又或者是需要我们有条理地储存的信息，这时候串联法就不适用了，串得太长，中间如果断线，会影响后续所有信息的记忆。因此，我们需要引入另外一种功能更强大的方法——定位法。

何为定位法呢？在香港电视广播有限公司（TVB）出品的电视剧《读心神探》中，重案组组长姚学琛在上学的时候，由于记不住书本上的知识，成绩一直很差，还因此常常被亲戚们瞧不起。有一次考试之后，他又被长辈说成绩太差，他备受打击，独自来到公园散心。这时，一个小女孩走过来跟他聊天，他便把自己的心事告诉了小女孩。他希望能够提高自己的记忆力，考出好成绩，让大家对他刮目相看。这个女孩便告诉了他一个神奇的记忆方法——宫殿记忆法。

通过想象，小女孩带领姚学琛一起进入大脑中的记忆宫殿。他们打开大门走了进去。小女孩告诉他要把自己的大脑想象成一座宫殿或者大房子，房子里有很多房间，每个房间里都放着不同的内容，这些内容就是他要记忆的事物。比如要记忆汉朝的皇帝名称，打开房间的第一扇门，他们看到汉高祖坐在眼前，正在吃汉堡，而他手边还放着一块蛋糕，所以他的名字叫"汉糕祖"，也就是"汉高祖"。而进入另一扇门，他们看见一位皇帝在绘画，所以这位皇帝叫"惠帝"。接着打开另外一扇门，这位皇帝拿出一瓶药闻了闻，因此他是"文帝"。越是鲜活生动的影像越是令人记忆深刻。在小女孩的帮助下，姚学琛学会了这种记忆方法，在不断努力下，他的成绩突飞猛进，他甚至成为过目不忘的人，被别人戏称为"超级电脑"。

宫殿记忆法是一种发源于古罗马的古老记忆法。那时候因为印刷术没有普及，知识非常珍贵，都需要用人脑记下来，于是聪明的古人就发明了这种记忆方法。这种方法可以帮人们记住海量信息，很多记忆绝活也归功于此。

比如，当初我在训练宫殿记忆法时，练到了27秒记住一副打乱的扑克牌，5分钟记住将近400个无规律的阿拉伯数字。后来我还花了五六天的时间

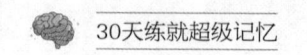

把五千字左右的《道德经》背了下来，可以做到任意抽背，至今仍然记得。

明代的传教士利玛窦也是利用这种记忆方法进行记忆的，同时他还著成了一部《西国记法》，用来向世人介绍自己的记忆方法。

在这个信息爆炸的时代，人们每天都要接受大量的知识，理解并记住大量的信息，才能适应这个快速变化的社会，这就使得人们更加需要一种好的方法来进行记忆，由此出现了越来越多的记忆培训学校和课程，研究并帮助人们提高自己的记忆力。看到这里大家就明白了，其实这种神奇的记忆法只是一种帮助我们记忆的方法，它运用了我们的形象思维，需要想象力，并没有像有些培训机构说的那么神奇，右脑开发、右脑记忆等说法都是不太准确的。

世界脑力锦标赛第一次进入中国时，涌现出了一大批记忆大师，引起了人们的好奇。中央电视台特意找到一些生理学家、心理学家、脑神经专家等了解其中的窍门。当时专家们做过实验，让从未学过记忆法的实验对象去记住一串数字，然后默写出来。第二次实验是在前一次的基础上增加几个数字，以此类推，每一次都比前一次增加几个数字。经过反复训练，专家们发现实验对象可以记住的信息量每一次都有进步，但当进步到一定程度后会遇到一个瓶颈，也就是人的记忆极限。

记忆法就像是硬件，我们是借助了外物来帮助记忆，大脑内部并没有发生任何改变。当然，不管黑猫还是白猫，能够抓到老鼠就是好猫，我们无法改变大脑天生的记忆特性，但可以借助外物来提高记忆能力。

定位法是宫殿记忆法的延伸。了解了宫殿记忆法的原理后，大家会发现宫殿里或者房间里的那些门和窗之类的东西都只是载体，用来承载我们需要记忆的信息。

其实并不是只能用房间或者宫殿里面的场景进行记忆，只要是我们自己熟悉的，能够提前记在脑海中的事物都可以作为载体。因此，我们又延伸出了很多其他的定位法——身体定位法、数字编码定位法、地点定位法。

接下来我们一一进行具体了解。身体定位法，就是在我们的身体上按顺序找一些部位，然后把需要记忆的信息与我们的身体部位分别进行连接，这样不仅可以帮助我们非常快地记住要记的东西，还可以帮助我们记住它们的顺序。

首先，让我们从头到脚找出10个身体部位作为定位系统。

①头　②耳朵　③眼睛　④鼻子　⑤嘴巴　⑥脖子　⑦肚子　⑧手　⑨膝盖　⑩脚

然后，用身体部位记忆下面这些词语。

珊瑚　雨伞　葫芦　三丝　棒球　歌声　蝌蚪　眼镜　尿壶　奇异果

第一个部位头如何和珊瑚联系到一起呢？可以这么想：头上长出了很多珊瑚。第二个部位耳朵对应的是雨伞，可以想象别人用雨伞戳了一下你的耳朵，你感觉很痛。第三个部位眼睛对应的是葫芦，可以想象葫芦飞过来砸到了眼睛，眼睛肿了。

后面的每一个词语都可以运用这种方式去进行联想，10个部位对应10个词语，请大家自己完成剩下的。你会发现，只需联想一遍就可以很轻松地记住这10个词语，而且顺序不会错乱。其实，我们记住的是10个身体部位，只是在回忆部位时对应想到了上面所承载的词语。

宫殿记忆法就像是我们建立起了一个仓库，在需要储存信息时，就把这些信息放进这个仓库里，仓库越大，能够储存的东西就越多，我们要尽可能准备更多的载体，才能记住大量的信息。

身体定位法有个弊端，就是人的身体有限，能够找到的部位不多，可以承载的信息量很小。所以，我们要引入另外一种功能更强大、可以记住更多信息的方法——数字编码定位法。

第10节 高效记忆之数字编码定位法

数字编码就是把宫殿记忆法的空间载体换成数字，同样可以把需要记忆的信息有条理地储存下来。比起空间载体，数字载体的优势是更熟悉、简单，我们可以信手拈来。使用空间载体时，可能会出现忘记了顺序或者记忆不清晰等情况，使用数字载体则不会。

以下是数字1~99以及00~09的数字编码例子，供各位读者参考。大家可以根据需要选择更适合自己的编码。

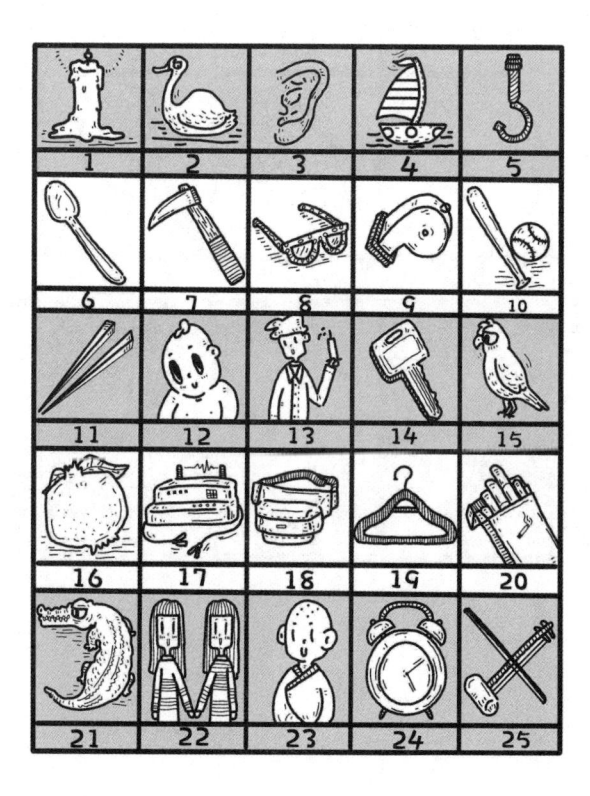

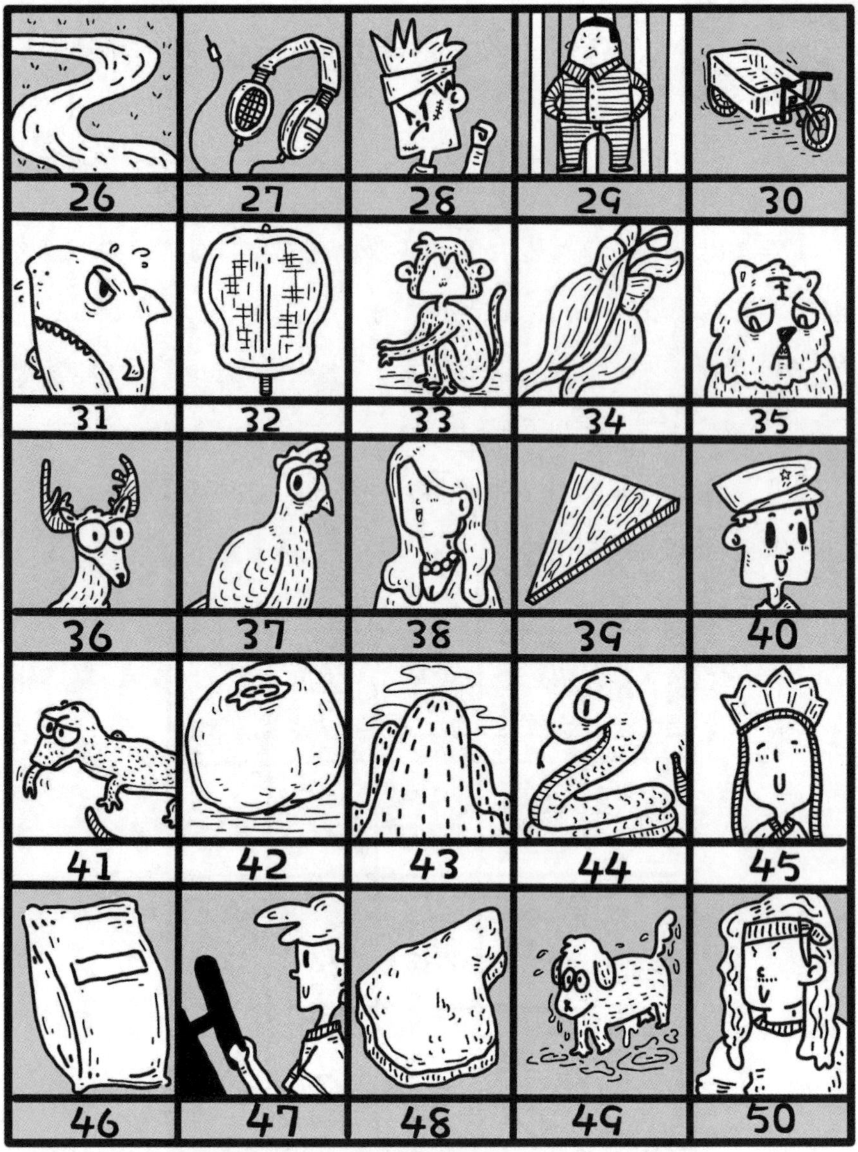
26
27
28
29
30
31
32
33
34
35
36
37
38
39
40
41
42
43
44
45
46
47
48
49
50

| 第2章 | 高效记忆的秘密 |

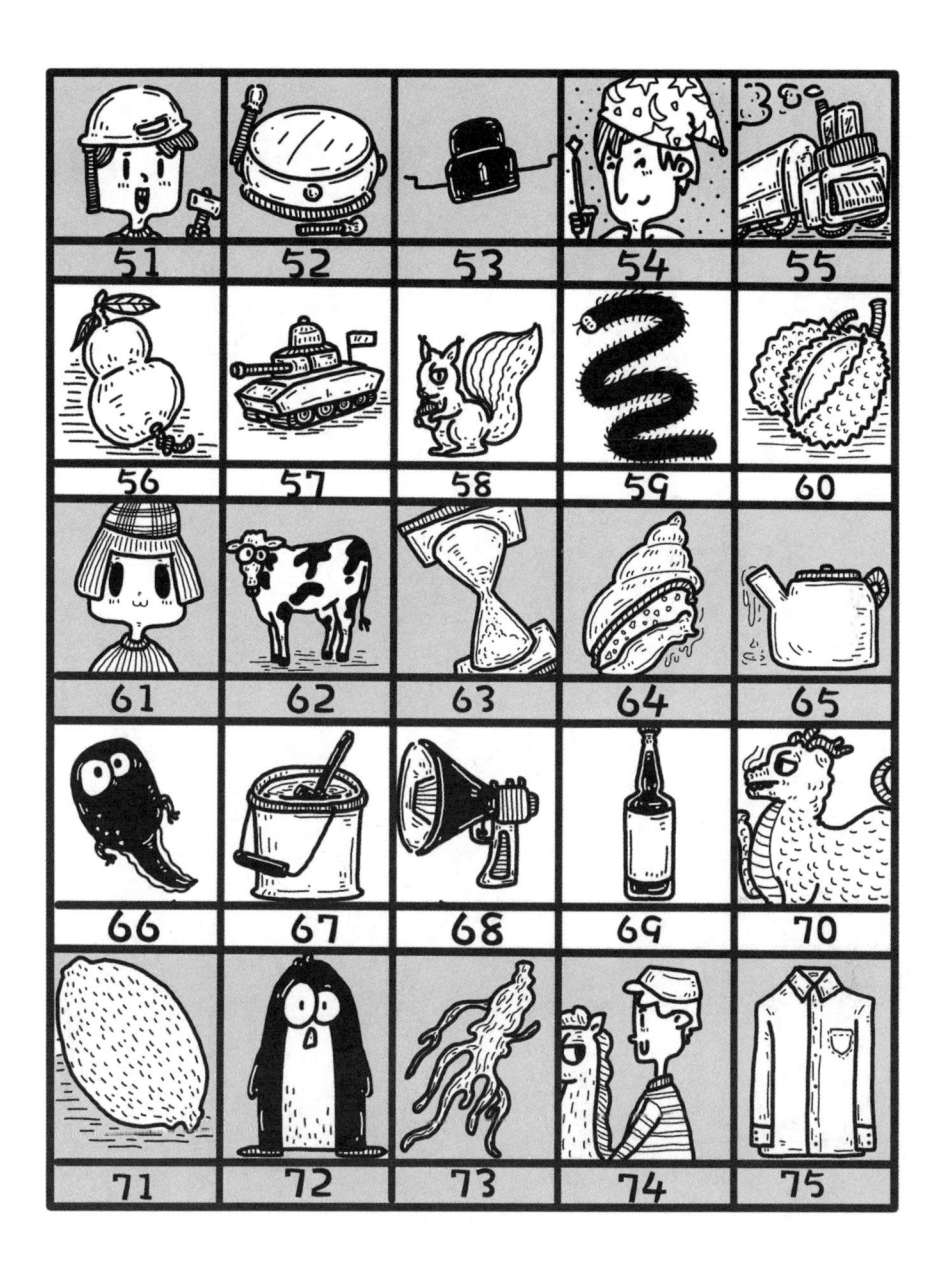

51	52	53	54	55
56	57	58	59	60
61	62	63	64	65
66	67	68	69	70
71	72	73	74	75

30天练就超级记忆

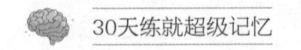

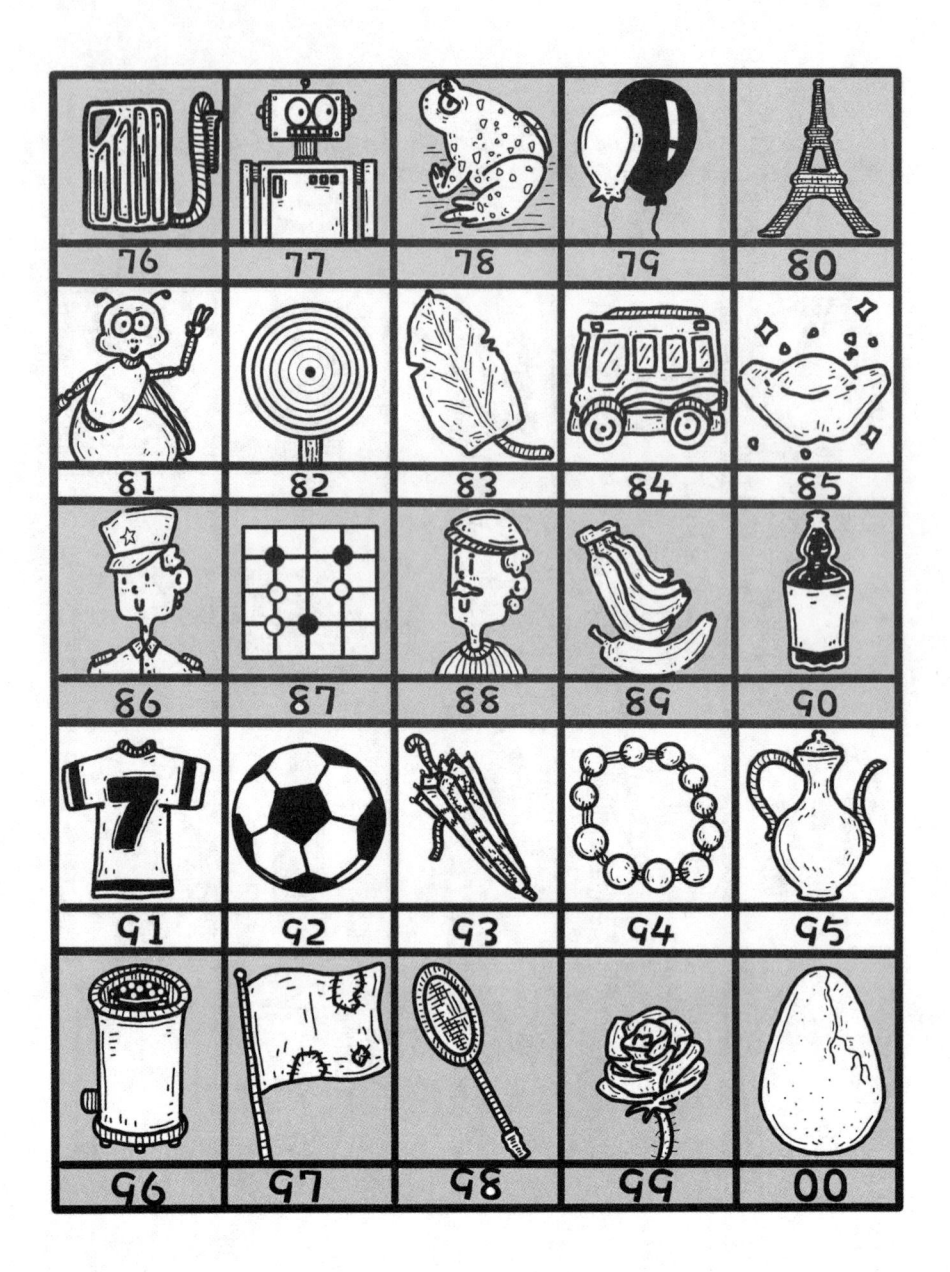

76	77	78	79	80
81	82	83	84	85
86	87	88	89	90
91	92	93	94	95
96	97	98	99	00

下面示范用数字编码定位法记忆三十六计。

第一计：瞒天过海　　第二计：围魏救赵　　第三计：借刀杀人

第四计：以逸待劳　　第五计：趁火打劫　　第六计：声东击西

第七计：无中生有　　第八计：暗度陈仓　　第九计：隔岸观火

第十计：笑里藏刀　　第十一计：李代桃僵　　第十二计：顺手牵羊

第十三计：打草惊蛇　　第十四计：借尸还魂　　第十五计：调虎离山

第十六计：欲擒故纵　　第十七计：抛砖引玉　　第十八计：擒贼擒王

第十九计：釜底抽薪　　第二十计：浑水摸鱼　　第二十一计：金蝉脱壳

第二十二计：关门捉贼　　第二十三计：远交近攻　　第二十四计：假道伐虢

第二十五计：偷梁换柱　　第二十六计：指桑骂槐　　第二十七计：假痴不癫

第二十八计：上屋抽梯　　第二十九计：树上开花　　第三十计：反客为主

第三十一计：美人计　　第三十二计：空城计　　第三十三计：反间计

第三十四计：苦肉计　　第三十五计：连环计　　第三十六计：走为上计

三十六计本身内容不算多，普通人如果要死记下来也不是难事，但是读

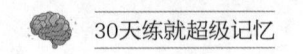

一遍就记下来并能做到随意点背就非常难了。接下来,我就以第一计到第十计举例说明。

第一计:瞒天过海(1的代码是蜡烛:有个人点着蜡烛偷偷地瞒着天过海)

第二计:围魏救赵(2的代码是鸭子:有个将军率领一群鸭子去围住魏国救赵国)

第三计:借刀杀人(3的代码是耳朵:有个人借了一把刀去杀人,没杀成就把那个人的耳朵割了下来)

第四计:以逸待劳(4的代码是帆船:有个人躺在帆船上在海里晒太阳,以安逸的姿态等待着别人的辛劳成果)

第五计:趁火打劫(5的代码是钩子:有人趁楼上失火,拿着一把钩子去打劫)

第六计：声东击西（6的代码是勺子：拿着勺子到处敲响）

第七计：无中生有（7的代码还可以是拐杖：人本来是两条腿的，挂着一条拐杖就是三条腿，也就是无中生有多了一条腿）

第八计：暗度陈仓（8的代码是眼镜：有个人偷偷地潜水想渡到陈仓那个地方去，潜水需要戴游泳眼镜）

第九计：隔岸观火（9的代码是哨子：对岸发生了火灾，大家隔着岸看着，然后消防队长把哨子一吹，所有人一起过去救火）

第十计：笑里藏刀（10的代码是棒球：棒球比赛时，选手之间表面上微笑，其实笑里藏刀，心里是想打败对方的）

了解了这十计，相信大家对数字编码定位法已有所了解了，请你根据上面的例子，尝试着把剩下的内容记下来，看看记忆效果怎么样。

相信大家已经理解数字编码定位法的原理了。我们提前将这些编码记得滚瓜烂熟，然后用这些熟悉的编码去记陌生的信息，一一对应地联系起来，就可以轻松地记住大量的知识。

数字编码定位法在考试中也非常实用，简单、高效。政治、历史、司法考试，甚至建造师考试里的一些问答题，都可以用数字编码定位法来解决。

有的读者会问：把一本书倒背如流是如何做到的呢？《最强大脑》节目中那些项目的记忆量都是巨大的，数字编码都不够用，那些选手却仍可以有序地储存并随机提取，这又是如何做到的呢？

第11节 高效记忆之地点定位法

这里我们要介绍另外一种功能更强大，也是记忆高手们使用得最多的方法——地点定位法，也就是前面说的宫殿记忆法。需要记住大量信息时，记忆高手们都会用地点定位法。数字编码定位法是用数字作为定位系统，地点定位法就是用我们生活中熟悉的一些场景地点作为定位系统，然后将需要记忆的信息放在上面。

请你尝试着从下图中找到我们想要的定位系统吧。

| 第2章 | 高效记忆的秘密 |

下图标记出了10个部分作为定位桩,供大家参考。

让我们试着用上面的这一组地点桩来记忆20个无规律的词语。

蜈蚣　和尚　锄头　白蚁　螺丝　手枪　恶霸　牛儿　溜冰鞋　舅舅

八路　珊瑚　凳子　石板　二胡　三丝　鳄鱼　仪器　手枪　气球

选择地点作为定位系统时要遵循以下原则。

（1）熟悉的，例如家或学校就是我们熟悉的地方。

（2）有一定的顺序，这样我们才更容易记住地点，不会记混地点的前后顺序，记忆起来会更加轻松、方便，遵照顺时针或者逆时针顺序都可以。

（3）有特征，例如上面的鸟笼、窗口、地毯都是有特征的地点，这样记忆起来更加轻松。如果一间教室里有很多桌子、椅子，切记不要把每一张桌子、椅子都当作一个地点，这样容易混淆。

在一个场景中选取地点时，选取多少个为宜呢？这个要根据场景的大小来决定。不过，一个场景中最好选取整十、整五的地点数，比如10个、15个、20个，这样方便我们进行记忆和使用以及信息管理。

比如前页图中，也许有的人说可以找到12个或13个地点，但我们以选取10个为宜，用这10个地点来尝试着记忆20个词语时，原则是一个地点放两个词语。

用地点定位法记词语的规则，是将两个词语联想成一个动态的小片段，然后把片段放在地点上，在联想时，脑海中要浮现出很清晰的画面，有一种身临其境的感觉，好像眼前真的发生了这个故事一样。这句话看似简单，却道出了地点定位法的真谛。

很多人在联想时会遇到很多问题：有的人将两个词语联系在一起了，却没有跟地点紧密结合；有的人将其中一个词语跟地点联系得很紧密，发生的动态画面却不在地点上；有的人想象的画面不够清晰。比如想象铅笔时，有的人仅是想到了一根圆圆的东西，这样是不够的，要清晰地想象出铅笔的颜色、形状，包括上面的图案等，不能似是而非；再如想象手机，有的人只是想象出了一个长方形的东西，只有一个很模糊的轮廓，这样会跟其他很多类似长方形的编码混淆在一起，因此，一定要清晰地想到手机的颜色、形状，包括边角等。

41页图中第一个地点桩"树根"对应的词语是蜈蚣、和尚。有的人会想成：树根上面飞出一条蜈蚣咬到了一个和尚。这是错误的，因为在这个联想过程中，"蜈蚣咬和尚"这一动态并不是发生在树根上的。当我们下次回忆到树根时，对于上面发生的故事没有任何画面记忆，会出现想象空白的情况。

正确的联想方式是：脑海中浮现出一条很形象的蜈蚣，飞过去一口咬中了树根那里坐着的一个和尚；或者是树根那里有一条巨大的蜈蚣正在咬一个和尚。要想到蜈蚣是什么颜色，是黑色还是绿色，或者是深黄色；要想到和尚是光头，还穿着灰色的袍子，胸前戴着一串佛珠。只有画面足够清晰，才能避免回忆的时候模棱两可，而且想象的画面清晰可以加强记忆的深刻度。

第12节 高效记忆之文字转换技巧

通常来讲，我们很容易对名词、形容词进行逻辑联想，或者是编故事，但是有些词语或者文字本身很抽象，不太利于我们进行联想。此时，我们需要对文字进行加工转换。

一个文字或者词语有很多种转换对象，在实际应用中究竟该选择哪一种

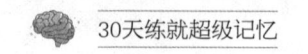

呢？这个要根据题目本身来看，转换成哪一种取决于后面要与之联系的对象是什么，要使转换后的信息能够跟需要发生关联的对象很巧妙、很有逻辑地联系到一起。

比如，如何记忆道教名山之一的四川青城山呢？有的人会说四川整个省份都青青绿绿的，这样也还说得过去，但并不是最好的，因为逻辑性不太强，更好的方法是把"青城"想成"倾城"。众所周知，四川因其得天独厚的地理位置和人文环境，自古就出美女，所以我们可以这么说：四川的美女倾国倾城。

又如，记忆中国科举考试的四个等级：院试、乡试、会试、殿试。需要记忆的内容是"院、乡、会、殿"四个字，我们把第一个字改成愿、第二个字改成相，这样四个字组合在一起就是：愿相会殿。把这四个字进行扩充就是：古代考科举的人都愿最后能够相会在皇帝的大殿里（相会在皇帝的大殿里说明考中了）。这里我们会发现，"院"的同音字很多，而"愿"字可以更好地与后面的字组合在一起，变成一句有逻辑、有意义的话。

其实这里还可以用我们之前说的逻辑思维去记，找到题目内在的逻辑关系。按照等级的高低，我们可以说，古代科举考试最低的等级就是在一个小小的院子里考试，通过了就可以去乡里参加下一轮考试，再高一级别就是在大会场参加考试，最后是到皇帝的大殿里考试。

文字转换是一种思维方式，养成这种思维习惯，在记忆法的使用中非常重要。看似只是简单地由一个文字转换成另外一个文字，实则难度非常大，这也是让很多读者疑惑的地方：看书上的案例写得很有道理，可是自己却不会灵活运用。

下面我们以经典国学《弟子规》作为案例，带着大家一起来练习这种思维方式。请大家根据给出的例句试着去拆解其他的语句,通过不断训练,慢慢地就会越来越熟练。

数字	原文	数字	原文
1	弟子规　圣人训	25	谏不入　悦复谏
2	首孝弟　次谨信	26	号泣随　挞无怨
3	泛爱众　而亲仁	27	亲有疾　药先尝
4	有余力　则学文	28	昼夜侍　不离床
5	父母呼　应勿缓	29	丧三年　常悲咽
6	父母命　行勿懒	30	居处变　酒肉绝
7	父母教　须敬听	31	丧尽礼　祭尽诚
8	父母责　须顺承	32	事死者　如事生
9	冬则温　夏则清	33	兄道友　弟道恭
10	晨则省　昏则定	34	兄弟睦　孝在中
11	出必告　反必面	35	财物轻　怨何生
12	居有常　业无变	36	言语忍　忿自泯
13	事虽小　勿擅为	37	或饮食　或坐走
14	苟擅为　子道亏	38	长者先　幼者后
15	物虽小　勿私藏	39	长呼人　即代叫
16	苟私藏　亲心伤	40	人不在　己即到
17	亲所好　力为具	41	称尊长　勿呼名
18	亲所恶　谨为去	42	对尊长　勿见能
19	身有伤　贻亲忧	43	路遇长　疾趋揖
20	德有伤　贻亲羞	44	长无言　退恭立
21	亲爱我　孝何难	45	骑下马　乘下车
22	亲憎我　孝方贤	46	过犹待　百步余
23	亲有过　谏使更	47	长者立　幼勿坐
24	怡吾色　柔吾声	48	长者坐　命乃坐

续表

数字	原文		数字	原文	
49	尊长前	声要低	75	执虚器	如执盈
50	低不闻	却非宜	76	入虚室	如有人
51	进必趋	退必迟	77	事勿忙	忙多错
52	问起对	视勿移	78	勿畏难	勿轻略
53	事诸父	如事父	79	斗闹场	绝勿近
54	事诸兄	如事兄	80	邪僻事	绝勿问
55	朝起早	夜眠迟	81	将入门	问孰存
56	老易至	惜此时	82	将上堂	声必扬
57	晨必盥	兼漱口	83	人问谁	对以名
58	便溺回	辄净手	84	吾与我	不分明
59	冠必正	纽必结	85	用人物	须明求
60	袜与履	俱紧切	86	倘不问	即为偷
61	置冠服	有定位	87	借人物	及时还
62	勿乱顿	致污秽	88	人借物	有勿悭
63	衣贵洁	不贵华	89	凡出言	信为先
64	上循分	下称家	90	诈与妄	奚可焉
65	对饮食	勿拣择	91	话说多	不如少
66	食适可	勿过则	92	惟其是	勿佞巧
67	年方少	勿饮酒	93	奸巧语	秽污词
68	饮酒醉	最为丑	94	市井气	切戒之
69	步从容	立端正	95	见未真	勿轻言
70	揖深圆	拜恭敬	96	知未的	勿轻传
71	勿践阈	勿跛倚	97	事非宜	勿轻诺
72	勿箕踞	勿摇髀	98	苟轻诺	进退错
73	缓揭帘	勿有声	99	凡道字	重且舒
74	宽转弯	勿触棱	100	勿急疾	勿模糊

续表

数字	原文	数字	原文
101	彼说长　此说短	127	勿谄富　勿骄贫
102	不关己　莫闲管	128	勿厌故　勿喜新
103	见人善　即思齐	129	人不闲　勿事搅
104	纵去远　以渐跻	130	人不安　勿话扰
105	见人恶　即内省	131	人有短　切莫揭
106	有则改　无加警	132	人有私　切莫说
107	惟德学　惟才艺	133	道人善　即是善
108	不如人　当自励	134	人知之　愈思勉
109	若衣服　若饮食	135	扬人恶　即是恶
110	不如人　勿生戚	136	疾之甚　祸且作
111	闻过怒　闻誉乐	137	善相劝　德皆建
112	损友来　益友却	138	过不规　道两亏
113	闻誉恐　闻过欣	139	凡取与　贵分晓
114	直谅士　渐相亲	140	与宜多　取宜少
115	无心非　名为错	141	将加人　先问己
116	有心非　名为恶	142	己不欲　即速已
117	过能改　归于无	143	恩欲报　怨欲忘
118	倘掩饰　增一辜	144	报怨短　报恩长
119	凡是人　皆须爱	145	待婢仆　身贵端
120	天同覆　地同载	146	虽贵端　慈而宽
121	行高者　名自高	147	势服人　心不然
122	人所重　非貌高	148	理服人　方无言
123	才大者　望自大	149	同是人　类不齐
124	人所服　非言大	150	流俗众　仁者希
125	己有能　勿自私	151	果仁者　人多畏
126	人有能　勿轻訾	152	言不讳　色不媚

续表

数字	原文	数字	原文
153	能亲仁　无限好	167	心有疑　随札记
154	德日进　过日少	168	就人问　求确义
155	不亲仁　无限害	169	房室清　墙壁净
156	小人进　百事坏	170	几案洁　笔砚正
157	不力行　但学文	171	墨磨偏　心不端
158	长浮华　成何人	172	字不敬　心先病
159	但力行　不学文	173	列典籍　有定处
160	任己见　昧理真	174	读看毕　还原处
161	读书法　有三到	175	虽有急　卷束齐
162	心眼口　信皆要	176	有缺坏　就补之
163	方读此　勿慕彼	177	非圣书　屏勿视
164	此未终　彼勿起	178	蔽聪明　坏心志
165	宽为限　紧用功	179	勿自暴　勿自弃
166	工夫到　滞塞通	180	圣与贤　可驯致

　　以上是《弟子规》的全文，一共是180句。如果没有技巧地去死记硬背，记忆难度相当大，也几乎不可能做到抽背点背。《弟子规》中的有些语句很抽象，因此，我们需要将抽象的文字转换成形象具体的内容，方便记忆。比如第一句"弟子规，圣人训"，我们可以把"规"转换成同音字"龟"，1的编码是蜡烛，联想到弟子用蜡烛去烧乌龟，于是圣人就教训他要爱护小动物。再如第70句"揖深圆，拜恭敬"，像这种意思不太明显的语句，哪怕看翻译理解了它的含义，依然不太好记住原文，因此，我们就可以把抽象的文字进行转换。"揖深"转换成"医生"，"拜恭敬"转换成"百公斤"，70的编码可以是冰激凌，联想医生用一元钱买了一个冰激凌，它有

一百公斤那么重。

下面附上《弟子规》前一百句转换联想的例子,供各位读者参考。数字编码不是固定不变的,此处所用的编码和前文给出的会有些许不同,请大家试着理解其中的原理,尝试运用适合自己的编码想出一些不一样的转换联想内容,直到自己可以熟练地运用转换。

数字	原文	联想
1	弟子规　圣人训	弟子用蜡烛烧龟,被圣人教训
2	首孝弟　次谨信	一只鹅收了小弟,赐给他一封金信
3	泛爱众　而亲仁	耳朵上的饭爱吃粽子,而且喜欢亲别人
4	有余力　则学文	帆船上的鱿鱼用力学蚊子飞
5	父母呼　应勿缓	父母挂在秤钩上打呼噜,鹦鹉缓慢叫醒他们
6	父母命　行勿懒	父母命令我们洗勺子,我们的行动不能太懒散
7	父母教　须敬听	父母教我如何用镰刀,我边玩胡须边静静地听
8	父母责　须顺承	父母责备我们把眼镜弄坏了,我们要温顺地承认错误
9	冬则温　夏则清	口哨冬天发瘟,夏天得禽流感
10	晨则省　昏则定	早晨醒来打棒球,打完棒球婚就定了
11	出必告　反必面	把梯子拿出去时必须告诉父母一声,返回时必须面见他们一下
12	居有常　业无变	婴儿在椅子上吃猪油肠,夜晚会无大便
13	事虽小　勿擅为	医生说柿子虽小,雾散就喂我吃
14	苟擅为　子道亏	狗扇尾巴时把钥匙扇走了,知道吃亏
15	物虽小　勿私藏	鹦鹉这动物虽小,也不要私自藏起来
16	苟私藏　亲心伤	石榴被狗私自藏起来了,亲人很伤心
17	亲所好　力为具	亲人把仪器锁好,立为证据
18	亲所恶　谨为去	亲人锁好腰包里的物品,警卫离去

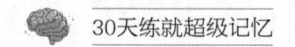

续表

数字	原文	联想
19	身有伤　贻亲忧	衣钩把我的身体钩伤了，阿姨亲自上油
20	德有伤　贻亲羞	香烟把阿德烧到有伤，阿姨亲自帮他休养
21	亲爱我　孝何难	鳄鱼亲我又爱我，笑一下有何难
22	亲憎我　孝方贤	双胞胎想清蒸我，我马上跑到消防线上
23	亲有过　谏使更	和尚亲了一下油锅，见识更广了
24	怡吾色　柔吾声	咦？怎么闹钟无色又无声？
25	谏不入　悦复谏	二胡硬，箭不入，岳父就再射一支箭
26	号泣随　挞无怨	河流里有好汽水，踏进去也无怨
27	亲有疾　药先尝	戴着耳机亲油鸡，也要吃香肠
28	昼夜侍　不离床	恶霸生病，我昼夜侍候他不离床
29	丧三年　常悲咽	饿囚已经丧生三年，我常背椰子想念他
30	居处变　酒肉绝	站在三轮车上举出辫子，把酒肉灭绝
31	丧尽礼　祭尽诚	在鲨鱼的丧事上要敬礼，摆鸡精和橙子
32	事死者　如事生	拿着扇儿的是使者，跟我如师生
33	兄道友　弟道恭	满天星星下，兄倒油，弟倒弓
34	兄弟睦　孝在中	兄弟用三丝围木头，扔进小寨中
35	财物轻　怨何生	山虎像财物那么轻，它埋怨为什么要出生
36	言语忍　忿自泯	山鹿把腌好的鱼人，分给子民
37	或饮食　或坐走	一只山鸡又饮又食后，坐一会儿走一会儿
38	长者先　幼者后	妇女前面是老人，后面是年幼的小孩
39	长呼人　即代叫	张夫人在山丘上对着鸡大叫
40	人不在　己即到	司令看到人不在，自己即先到了
41	称尊长　勿呼名	蜥蜴被称军长，呜呼呜叫
42	对尊长　勿见能	对军长，不要献嫩柿儿
43	路遇长　疾趋揖	在石山的路上遇到长辈，急忙吹衣服

续表

数字	原文		联想
44	长无言	退恭立	长辈说蛇无盐不吃,我退到一公里外去找
45	骑下马	乘下车	师傅骑一下马,乘一下车
46	过犹待	百步余	饲料过了油袋,再用白布装给鱼吃
47	长者立	幼勿坐	公交车上,司机告诫我们长辈站立的时候,小孩子不要坐,要给长辈让座
48	长者坐	命乃坐	长者坐在石板上命令奶奶坐下
49	尊长前	声要低	湿狗在军长前,声要低
50	低不闻	却非宜	武林盟主用底布养蚊,却伤了飞蚁的心
51	进必趋	退必迟	工人拿着金币去退币,发现太迟了
52	问起对	视勿移	鼓儿上有蚊子七对,把食物移走
53	事诸父	如事父	乌纱帽是猪父亲的,如果你是猪父亲就戴吧
54	事诸兄	如事兄	这个青年喂养猪的兄弟,就如同对待自己的师兄一样用心
55	朝起早	夜眠迟	火车上早上起得早,夜晚睡眠时间迟
56	老易至	惜此时	老椅子上葫芦吸磁石
57	晨必盥	兼漱口	武器早晨闭关,兼漱口
58	便溺回	辄净手	尾巴便溺回来了,则要把手洗干净
59	冠必正	纽必结	一只蜈蚣的冠戴得好正,纽扣结得很紧
60	袜与履	俱紧切	我挖淤泥,锯子紧切榴梿
61	置冠服	有定位	儿童们制造官服,有预先定位

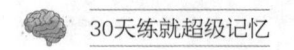

续表

数字	原文		联想
62	勿乱顿	致污秽	勿乱炖牛儿，致屋灰
63	衣贵洁	不贵华	流沙擦过的衣柜很清洁，布柜就很滑
64	上循分	下称家	在螺丝上勤奋，下称家
65	对饮食	勿拣择	对用尿壶装的饮食，我们在雾间选择
66	食适可	勿过则	石狮渴，但水里很多蝌蚪，它无法过泽喝水
67	年方少	勿饮酒	你在油漆旁放哨，我饮酒
68	饮酒醉	最为丑	饮酒醉了就吹喇叭，这事最丑了
69	步从容	立端正	穿八卦袍的道士步子从容，站立很端正
70	揖深圆	拜恭敬	医生吃的冰激凌是圆的，而白宫是干净的
71	勿践阈	勿跛倚	吃鸡翼不要在监狱也不要拨椅
72	勿箕踞	勿摇髀	企鹅勿聚集勿摇手臂
73	缓揭帘	勿有声	用花旗参缓慢揭窗帘，不要有声音
74	宽转弯	勿触棱	骑士宽宽地转弯，不要碰触到棱角
75	执虚器	如执盈	西服要直需要气，如果直了就赢了
76	入虚室	如有人	气流进入虚室，如有人
77	事勿忙	忙多错	机器人事务太忙，忙了就多错
78	勿畏难	勿轻略	对青蛙勿喂南瓜，勿侵略
79	斗闹场	绝勿近	气球飘满斗闹场，街舞劲
80	邪僻事	绝勿问	在巴黎铁塔上用鞋子劈柿子，街舞稳
81	将入门	问孰存	白蚁领将军入门，问书城在哪儿
82	将上堂	声必扬	将军要到厅堂打靶，突然大声说"鼻子好痒"
83	人问谁	对以名	有人问芭蕉扇是谁的，我说对面移民的
84	吾与我	不分明	巴士上的屋与窝，不分明
85	用人物	须明求	用人的宝物，须明白地请求
86	倘不问	即为偷	八路躺不稳，因为鸡尾被偷了

续表

数字	原文	联想
87	借人物 及时还	借人家的白棋，要及时还
88	后有急 借不难	别人找爸爸借物品，爸爸有五个，所以借给他了
89	凡出言 信为先	芭蕉泛出盐，有辛味也有鲜味
90	诈与妄 奚可焉	用酒瓶炸渔网，然后吸口烟
91	话说多 不如少	作为球衣，话说太多，不如说少一点
92	惟其是 勿佞巧	球儿围着骑士，不能拧不能敲
93	奸巧语 秽污词	用旧伞煎草鱼，然后汇聚在污池里
94	市井气 切戒之	试试首饰的金气，就先切开戒指
95	见未真 勿轻言	酒壶上见到味精，还冒雾和青烟
96	知未的 勿轻传	职位太低了，手上的旧炉子就不要轻易传给别人
97	事非宜 勿轻诺	旧旗上的是飞蚁，到雾里轻轻挪动
98	苟轻诺 进退错	狗在球拍上轻轻挪动，进退都是错
99	凡道字 重且舒	舅舅说凡是刀子都有点重且很舒服
00	勿急疾 勿模糊	乌鸡戴着望远镜唧唧叫，叫到雾模糊

第13节 高效记忆之逻辑联想技巧

还记得中学时做过的那些数理化难题吗？有些题目的答案很长，当我们分析出了个中原理时，就可以轻而易举地记住答案，但是当我们没搞懂题目就去记答案时，却发现很难记住。这就是逻辑的力量。

我们理解了题目的逻辑后，可以通过分析推理逐步推出答案，所以逻辑是不需要记忆的，甚至可以帮助我们记忆。逻辑是很可怕的，一个常识或者知识点一旦形成逻辑，哪怕是错的也改不了，这就是为什么有些题目我们一错再错。既然是这样，假如我们可以把某些信息转换成逻辑或者人为地创造出一个逻辑关系来，就省去了记忆的麻烦。

如何转换呢？有些需要记忆的信息根本没有逻辑可言，这就需要我们运用自己的联想去创造逻辑。比如，根据近代考古学发现，西汉时期发明了纸。如何去记忆这个知识点呢？首先我们要学会精简。这一句话看起来很长，但是真正需要记忆的信息只有两个：一个是年代——西汉，另一个是物品——纸。这两个信息是没有任何联系的，也没有逻辑性可言，我们需要想办法把"西汉"和"纸"这两个信息联系到一起，这样当遇到这个知识点时，我们就可以通过一个信息回忆出另外一个信息。

那么如何联系这两个信息呢？假如是两个名词，我们还可以单纯地联想在一起，可"西汉"是一个时代的名字，没有任何意义，因此，我们首先需要把"西汉"这个抽象的词转换成形象具体的词，再使这个词和"纸"产生联系。转换方式有很多种，最终选择哪一种是由后面的信息"纸"来决定的，就是说"西汉"转换后的那个词一定要能够跟"纸"很好地、很有逻辑地联系到一起，这才是最好的结果。

所以，我们把"西汉"转换成"吸汗"或"稀罕"是最好的。"吸汗"和"纸"之间的逻辑关系很容易想到，我们可以说"纸是用来吸汗的"，这样当我们想到纸时，会条件反射地想到纸的功能是"吸汗"（西汉）。如果把"西汉"转换成"稀罕"，我们就可以这么想：在古时候，纸是很稀罕的。

比如，建造师考试里有这样一道题目："租赁费用主要包括：租赁保证金、租金、担保费。"我在寻找案例时看过很多专业科目的考试书籍，会计考试、司法考试里都有类似的题目。这类题目的记忆难点就在于信息之间的关联度不够。同理，这道题的难点在于题目本身和被包含的三点没有联系，相信参加过考试的读者们应该都有这种体会，答这种题目时总会有那么一两条想不起来。

那么，现在我们就用上面说到的逻辑联想的方式把题目和所包含的三个要点给串起来。我们可以这么想："租赁别人的东西就像租房子一样，费用包含三个方面，首先得交租金，然后还得交押金，也就是租赁保证金，由于现在租房子的要求很严格，因此还得有人帮你担保，所以得交担保费。"利用我们的联想能力人为地创造逻辑，就可以很巧妙地把题干和答案联系在一起。

第 3 章

语文知识高效记忆

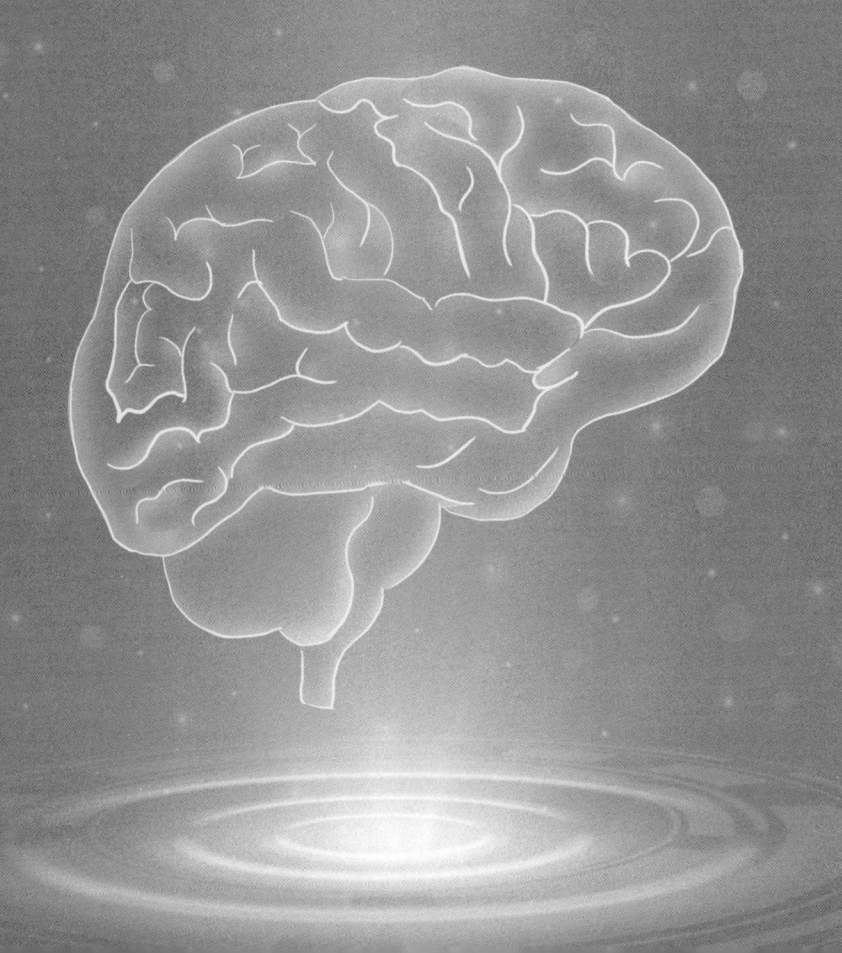

第1节 生僻字记忆方法

有很多生僻字，我们见过一次，但是由于使用频次不高，后来再遇到也想不出读音来。各位是否想过，生僻字为什么记不住？记忆难点究竟在哪里呢？

有的人说生僻字使用不多，当然这是其中一部分原因，但记不住这些信息的核心难点在于中文文字本身跟文字的读音没有任何联系，我们在记忆时通常要靠死记硬背将两者强行串联在一起，因此，一旦时间长了，就会出现看到文字感觉似曾相识，却又无法准确回忆出读音来的现象。

既然知道了难点，在记忆这类信息时，我们就要想办法将文字和读音联系起来，这样看到其中一个就可以顺利想起另一个。

比如"虢"这个字，大家是否知道怎么读呢？答案是读guó。"虢"的左边上面像"三点水"，下面是"寸"，右边是"虎"，这个字可以被解读为"三寸大的一只老虎"。为了方便联想，这里就需要用到转换的思维方式，将"虢"转换为"国"，之所以这么转换，是因为"国"跟"虢"同音，可以将文字与读音联想成"三寸大的一只老虎建立了一个动物王国"。

再比如三个火为焱（yàn），三个牛为犇（bēn），这种汉字也不容易记，我们同样可以用逻辑联想的方式去记忆。三个火我们就可以想象火很大，由此产生了很强的火焰，"焰"跟"焱"同音。"犇"跟"奔"同音，牛很容易让人想到奔跑，这个汉字就可以这么去联想：三头牛在路上奔跑比赛。

第2节 易混成语记忆方法

除了单纯的生僻字，还有些成语中的字很容易混淆，这些字看起来不难记，可是在考试时遇到总是一错再错。

例题1：下列各组词语中，只有一个错别字的一组是（　　）。

A. 翔实　词不达意　冷漠　一愁莫展

B. 痉挛　不经之谈　偏辟　励精图治

C. 风靡　孽根祸种　攀缘　始作俑者

D. 倾轧　气冲宵汉　弘扬　扑溯迷离

例题2：下列各组词语中，没有错别字的一组是（　　）。

A. 拖沓　娇生贯养　伶俐　倜傥不羁

B. 造次　索然寡味　迁徙　惨绝人圜

C. 描摹　幅员辽阔　惶恐　法网恢恢

D. 窥测　慷慨激昂　装祯　提要钩玄

上面的两个题目各位读者应该都很熟悉吧，高考语文的前几个题目就是这种辨字题。这种题目其实很难，往往会令人一错再错。还有很多类似的容易混淆的成语，比如：

正	误	正	误
川流不息	穿流不息	关怀备至	关怀倍至
平心而论	凭心而论	一筹莫展	一愁莫展

续表

正	误	正	误
融会贯通	融汇贯通	各行其是	各行其事
按部就班	按步就班	声名鹊起	声名雀起

我们如何去区分它们呢？如关怀备至、关怀倍至，通常我们会认为后者是正确的，我们的理解是加倍地去关心别人，但这一解读是错误的。

再比如融会贯通、融汇贯通，有人惯用后面一个，其实正确的答案是前面的一个。我们也是根据成语的意思潜意识地创造了错误的逻辑，我们认为"汇"是"汇聚"的意思，因此就应该是"汇"，其实这个成语的意思是把各方面的知识融合领会、贯穿前后。可能有的读者觉得单纯从成语的解释意义来看，还是无法区分两个字，那么我们就可以运用记忆法，自己根据成语的意思创造逻辑。我们可以这么去想：任何知识点或者题目你"会"做了，就表示这个知识你融会贯通了。所以，想贯通知识，首先你必须"会"做题目，这就等于是人为地创造了一个逻辑联想。

再比如声名鹊起、声名雀起，正确的是前者。很多人不知道正确的答案，哪怕知道答案了，也并不知道为何是"鹊"，这里我们就可以自己来创造逻辑。大家都知道古时候有个神医叫扁鹊，我们可以说扁鹊治好了很多人，因此，他名声大噪、声名鹊起。以后只要想到"声名鹊起"这个成语，你就会想到古时候神医扁鹊声名鹊起。

这就是对生僻字、成语易错字的记忆方法，很多时候我们要把逻辑思维和转换思维结合起来用。对于没有意义的生僻字，首先要把没有意义的字转换成有意义的，再进行逻辑联想。成语易错字这种类型的题目，则要把正确的那个字跟成语本身联系在一起创造一个逻辑，才能保证看到成语时知道正确的答案。

第3节 如何记忆文学常识中的各种"第一"

第一部纪传体通史：《史记》

第一部词典：《尔雅》

第一部大百科全书：《永乐大典》

第一部诗歌总集：《诗经》

第一部文选：《昭明文选》

第一部字典：《说文解字》

第一部神话集：《山海经》

第一部文言志人小说集：《世说新语》

第一部文言志怪小说集：《搜神记》

第一部语录体著作：《论语》

第一部编年体史书：《春秋》

第一部断代史：《汉书》

第一部兵书：《孙子兵法》

上面这些知识点的前后两个"点"之间也是没有任何直接联系的，因此在记忆时容易出现遗忘，只记得其一，不记得其二。记忆这类知识点的办法是将前后两个没关联的知识点通过联想串联起来，遇到不适合联想的抽象词就先进行转换，再进行联想。

第一部纪传体通史：《史记》。纪传体中的"纪"字转换成"鸡"，"史记"倒过来念就是"鸡屎"。

第一部词典：《尔雅》。左边的信息"词典"中的"典"字和右边的信息"尔雅"中的"雅"字组合在一起是一个我们很熟悉的词语"典雅"。因此，看到"词典"这个信息时我们要马上想到——典雅，进而想到"尔雅"。

第一部大百科全书：《永乐大典》。这一条的关键点就是要把"大百科全书"和"永乐大典"联系起来，我们可以这么联想：有了大百科全书，什么都知道就会永远快乐（永乐）。

第一部文选：《昭明文选》。联想第一部文选的内容就是教别人如何照明（昭明）。

第一部字典：《说文解字》。既然是第一部"字"典，就是讲解汉字的大典，跟汉字有关的就是说文解字。

第一部神话集：《山海经》。山海经——有山、有海的地方都是有很多神仙的，由此想到——神话集。

举了这么多案例，相信各位读者已经掌握了对此类信息的记忆方法，请你试着自己发挥，对知识点进行联想。

第4节 如何记忆文言文实词、虚词、借代词语

常见借代词语：

借体	本体	借体	本体	借体	本体
桑梓	家乡	桃李	学生	社稷	国家
南冠	囚犯	同窗	同学	烽烟	战争
巾帼	妇女	丝竹	音乐	须眉	男子
婵娟	月亮	手足	兄弟	汗青	史册
伉俪	夫妻	布衣	百姓	黄发	老人
桑麻	农事	垂髫	小孩	三尺	法律
膝下	父母	华盖	运气	鸿雁	书信

中学文言文中有很多借代词语，而且绝大多数借代词语和所表示的意思之间没有直接联系，一旦两个信息之间没有逻辑关联，就会很难记忆。这种信息的记忆方法跟之前的形象词联想是一样的，即将两个信息通过联想紧密地联系到一起。

比如，桑梓代家乡。桑即桑树，梓即梓树。联想：我的家乡种了很多桑树和梓树。再比如，三尺代法律。我们可以说中国的法律书籍有三尺那么厚，或者说犯了法律就要被尺打三下。又如，桃李代学生。联想：小学生都爱吃桃子和李子。

上面这几个借代词还比较常见，也比较好理解，但有些很抽象、没有意义的借代词是比较难记忆的。

比如南冠代囚犯。我们可以把南冠想成用南瓜做的帽子，从而联想到古时候凡是囚犯都必须佩戴一顶南瓜做的帽子。还可以把"南"转化成"蓝"，蓝冠即蓝色的帽子，再联想到监狱规定囚犯都必须佩戴一顶蓝色的帽子。

第5节 如何记忆作者和对应的作品集

中学语文考试里有一类题目是要求我们写出一些名家作品，比如巴金的作品集、鲁迅的作品集、冰心的作品集。考试中如果遇到这种题目，我们应快速答出来，如果想到一个答一个，就会花费很多不必要的时间。可是难点就在于名家作品之间没有直接联系，哪怕靠单纯的机械记忆死记下来，也很难在记忆中长久保存。

我们来看一下下面的案例。

老舍作品集：

《骆驼祥子》《四世同堂》《二马》《猫城记》《微神》

《火车集》

请大家先回忆一下先前讲过的串联法。我们可以使用串联法来记名家作品集,将作品名串到一起,变成一句有逻辑的话。

联想:老舍牵着骆驼,一家四世同堂,骑着两匹马去散步,路上看到一座猫城,突然出现了一个微小的神仙,坐着火车走了。

鲁迅作品:

《孔乙己》《阿Q正传》《故乡》《药》《狂人日记》《社戏》《祝福》

联想:鲁迅让孔乙己带话给阿Q,回故乡买药给狂人治病,病好以后去看社戏,给观众送去祝福。

请你按照上面的方法,试着将巴金的作品串联起来。

巴金作品:

《复仇》《雾》《雨》《电椅》《抹布》《家》《长生塔》《灭亡》

第6节 数字编码定位法记忆长篇诗词

记忆长篇的文字内容时,我们会发现记忆的难点通常在于文字内容每一句或者每一段之间的联系并不是很大,因此,记忆过程经常会出现卡壳或者断篇的情况。

背诵长篇的文章时,要遵循一定的步骤:首先,拿到一篇文章后,要通读一遍，把一些生僻的文字或者注释理解到位；其次，确定要用什么方法（地点定位法、数字编码定位法）记忆；再次，找出每句话里面的关键意思或关键词，将这些关键信息利用记忆法记下来；最后，试着通过关键的信息去回忆原文，若有错漏，再还原修正，把一些漏掉的修饰词语补充进去，如果可以把全文完整地回忆出来，那么整篇文章就基本上都记住了。

按照艾宾浩斯遗忘曲线的规律，我们要定时复习，通过科学复习，我们能把文章长久地保存在脑海中。下面总结一下记忆诗词文章的步骤。

(1) 通读（字、注释等）
(2) 确定方法（记忆目的、结果、自身喜好等）
(3) 记（出图、线索）
(4) 忆（关键词、线索、回忆路径）
(5) 还原修正（完整版）
(6) 复习（定时）

我们来看一看下面这个案例。

沁园春·雪

毛泽东

北国风光，千里冰封，万里雪飘。望长城内外，惟余莽莽；大河上下，顿失滔滔。山舞银蛇，原驰蜡象，欲与天公试比高。须晴日，看红装素裹，分外妖娆。

江山如此多娇，引无数英雄竞折腰。惜秦皇汉武，略输文采；唐宗宋祖，稍逊风骚。一代天骄，成吉思汗，只识弯弓射大雕。俱往矣，数风流人物，还看今朝。

针对这种长篇诗词，首先，我们运用前面说过的记忆原则，将其化整为零，对诗词进行分句划分，变成如下形式：

①北国风光，千里冰封，万里雪飘。

②望长城内外，惟余莽莽；大河上下，顿失滔滔。

③山舞银蛇，原驰蜡象，欲与天公试比高。

④须晴日，看红装素裹，分外妖娆。

⑤江山如此多娇，引无数英雄竞折腰。

⑥惜秦皇汉武，略输文采；唐宗宋祖，稍逊风骚。

⑦一代天骄，成吉思汗，只识弯弓射大雕。

⑧俱往矣，数风流人物，还看今朝。

再将每一句信息进行精简，提取关键词和关键意思。重点是要提取出关键意思，关键意思可以代表整句话的走向，可以帮助我们回忆出整句话。

如果只提取关键词，并将关键词跟数字串联起来可能会出现一些问题，就是回忆的时候只能想起关键词，而关键词有时太过单薄、生硬，不够丰富，难以帮我们将整句话完整地回忆出来。

第一句：北国风光，千里冰封，万里雪飘。我们可以想象出北方冬天的风景，大地一望千里都是冰封的，到处都在飘雪。1的编码是蜡烛，将编码跟句意联系在一起，可以联想到正是因为北国风光，千里冰封，万里雪飘，天气很冷，所以我们点着蜡烛取暖。这里实际上也运用了逻辑联想，在蜡烛跟诗句的意思之间建立逻辑关系。

第二句：望长城内外，惟余莽莽；大河上下，顿失滔滔。2的编码是鸭子，这里为了方便记忆，需要对一些词进行改编。如惟余莽莽中的"余"变成"鱼"，"莽莽"变成"茫茫"。联想一只鸭子站在长城上望着长城内外，目之所及都是茫茫一片鱼，鸭子跳进大河里，顿时消失（顿失）在滔滔的河水中。

第三句：山舞银蛇，原驰蜡象，欲与天公试比高。第三句中的"山"和"三"音近，这也可以作为一个记忆点，当作一个回忆的线索。联想到耳朵听到山上有一条跳舞的银蛇，它是一个蜡像，想跟天公试着比一比谁更高。

第四句：须晴日，看红装素裹，分外妖娆。4的编码是帆船或者红旗，这里用帆船比较好，可以联想必须到了天晴的日子，大家才能划着帆船玩，帆船有红的和绿的，分外妖娆。

第五句：江山如此多娇，引无数英雄竞折腰。5的编码是秤钩，这句的意思是江山如此娇媚，令古往今来无数的英雄豪杰为它倾倒。将编码和意思联系到一起进行联想：江山如此娇媚，引来无数的英雄拿着秤钩竞争，因此弄折了腰。

第六句：惜秦皇汉武，略输文采；唐宗宋祖，稍逊风骚。6的编码是勺子，联想的内容是：只可惜像秦始皇、汉武帝这样勇武的帝王，却略差文学才华；唐太宗、宋太祖，拿勺子炒菜的厨艺水平稍逊一些。

第七句：一代天骄，成吉思汗，只识弯弓射大雕。7的编码在这里可以想成弯刀，联想到草原蒙古族腰里佩戴的弯刀，进而可以将编码跟这一句的意思联系到一起：佩戴着弯刀的一代天骄成吉思汗，只会弯弓射大雕。

第八句：俱往矣，数风流人物，还看今朝。8的编码是眼镜，有些时候诗文本身的意思或许比较深奥，为了方便记忆，我们可以只浅显地理解它们的字面意思，这一句可以这么联想：回首往事，戴着眼镜数一数有多少风流人物，还是得看看今朝。

将每一句都和编码联系完毕后，要再回过头将原文反复读几遍，把一些修饰的词语、漏掉的词语等还原进去，然后按照复习规律时常复习，就可以达到长时记忆的效果。

第7节 地点定位法记忆长篇诗词

地点定位法和数字编码定位法比较类似，同样可以用来记忆大量信息。除了数字记忆和扑克牌记忆必须用地点定位法外，记忆大量的文字信息也可以用地点定位法。

《最强大脑》上的挑战项目信息量都是海量的，而选手们之所以可以做到记住并能随机提取任意信息，就是因为用到了地点定位法，他们把那些信息一个一个按顺序放在对应的地点上，就像在书架上摆放图书一样，有规律、有顺序。

和用数字编码定位法记忆诗词相比，用地点定位法记忆诗词其实就是换了一个载体或者介质，联想的内容几乎是一样的。比如用下面一组地点来记忆另外一篇经典的文章——梁启超的《少年中国说》。我们选取其中的一段来举例。

少年中国说（节选）

梁启超

故今日之责任，不在他人，而全在我少年。

少年智则国智，少年富则国富，少年强则国强，少年独立则国独立，少年自由则国自由，少年进步则国进步。

少年胜于欧洲，则国胜于欧洲；少年雄于地球，则国雄于地球。

红日初升，其道大光；河出伏流，一泻汪洋。

潜龙腾渊，鳞爪飞扬；乳虎啸谷，百兽震惶；

鹰隼试翼，风尘翕张。奇花初胎，矞矞皇皇；

干将发硎，有作其芒。天戴其苍，地履其黄。

纵有千古，横有八荒。前途似海，来日方长。

美哉我少年中国，与天不老；壮哉我中国少年，与国无疆。

我们先将文章熟读一遍，然后根据合理的长短来分句。

①故今日之责任，不在他人，而全在我少年。

②少年智则国智，少年富则国富，少年强则国强，少年独立则国独立，

少年自由则国自由，少年进步则国进步。

③少年胜于欧洲，则国胜于欧洲；少年雄于地球，则国雄于地球。

④红日初升，其道大光；⑤河出伏流，一泻汪洋。

⑥潜龙腾渊，鳞爪飞扬；⑦乳虎啸谷，百兽震惶；

⑧鹰隼试翼，风尘翕张。⑨奇花初胎，矞矞皇皇；

⑩干将发硎，有作其芒。⑪天戴其苍，地履其黄。

⑫纵有千古，横有八荒。⑬前途似海，来日方长。

⑭美哉我少年中国，与天不老；⑮壮哉我中国少年，与国无疆。

将整篇文章分成15句，与图中的15个地点一一对应。

第一句：故今日之责任，不在他人，而全在我少年。这句话我们可以简单地从字面意思去理解：因此今天这种状况的责任，不在他人，全都怪这个少年。跟第一个地点音响联系在一起进行联想：今天这个音响之所以被弄坏，责任不在他人，全在这个淘气的少年。

第二句：少年智则国智，少年富则国富，少年强则国强，少年独立则国独立，少年自由则国自由，少年进步则国进步。虽然这句话很长，但是我们仔细观察会发现，其实每个分句都是类似的形式，无非是关键词不一样，提取每一分句的关键词就是：智、富、强、独立、自由、进步。我们只需要记住这几个词语，就能记住整句话了。

要记住几个词语，用前面我们学习过的串联法即可。跟第二个地点桌子对应，我们可以这么联想：少年很有智慧，制作出的桌子质量很好，销量好，因此就富裕了，富裕了自然就变得强大了，强大了当然就可以独立，独立了没人管自己当然就自由，所有人都可以获得自由，这是社会的一种进步。

第三句：少年胜于欧洲，则国胜于欧洲；少年雄于地球，则国雄于地球。对应第三个地点电视机联想：少年生产的电视机质量胜过欧洲，则我们中国胜过欧洲；少年生产的电视机品牌能够雄于地球，则中国可以雄于地球不倒。

第四句：红日初升，其道大光。对应第四个地点联想：墙上那个木头的装饰物上面升起了一轮红日，发出了一道很强大的光，照亮了整个屋子。

第五句：河出伏流，一泻汪洋。对应第五个地点窗户联想：从窗户外面流进来一条河，一泻千里淹没了整个房间。

第六句：潜龙腾渊，鳞爪飞扬。对应第六个地点台灯联想：台灯里面飞出一条潜龙，飞腾到了深渊里，龙身上的鳞和爪子在房间里到处飞扬。

第七句：乳虎啸谷，百兽震惶。跟第七个地点挂画对应联想：挂画上有一只还在吃母乳的小老虎跑出来，跑到山谷里咆哮，百兽都震惊了，很惶恐。

讲到这里，相信大家已对利用地点定位法记忆长篇诗词有了一定的了解。记忆长篇文章也是一样的，先将文章分段分句，然后将每一句话跟对应的地点联系起来进行联想，这样就可以通过地点回忆出文章的每一句话，进而回忆全文。

第8节 图像记忆法记忆诗词

图像记忆法，顾名思义就是将需要记忆的信息转化成图像。众所周知，人对图像的感知能力比对文字和数字都要强,就像很久之前看过的电影,我们可能记不住里面的台词,但是对其中的很多画面印象深刻。因此,我们可以利用大脑的这一特性,把信息变成图像来帮助我们达到深刻记忆的目的。当然,并不是所有的信息都适合用图像记忆法去记,只有那些写景,能够让人想象出画面的文章信息才适合转换成图像来记。下面以一首写景的诗词作为案例,给大家分析一下如何用图像记忆法记忆诗词。

书湖阴先生壁

[宋]王安石

茅檐长扫净无苔,花木成畦手自栽。

一水护田将绿绕,两山排闼送青来。

这首古诗的每一句都描述了一种景象,因此,我们可以用铅笔画一幅简笔画来表达这些景象,比如下面的插图:

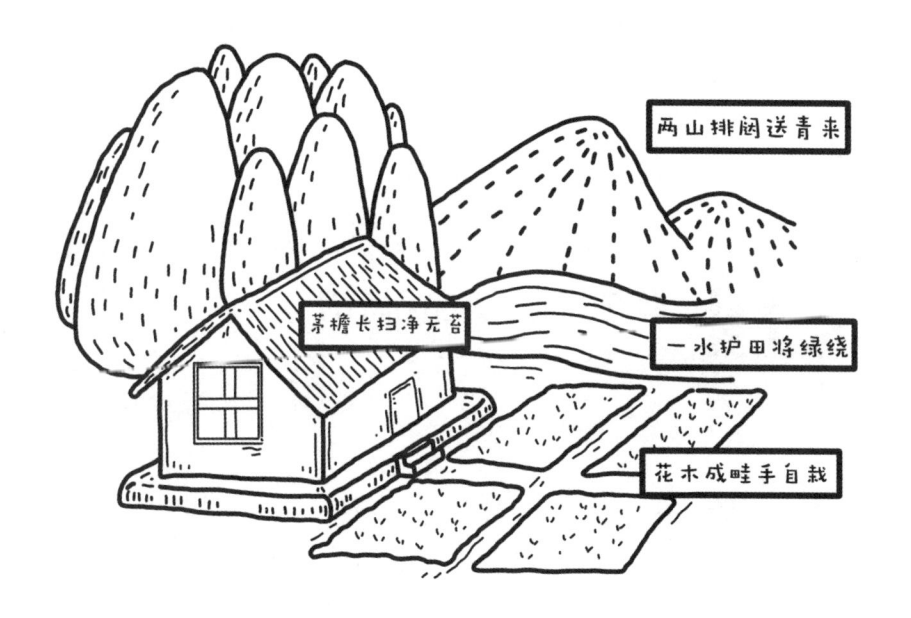

我们先将诗句放在对应的景物上，记忆完毕后，再来试着看下图回忆原文。

怎么样？是不是有一种耳目一新的感觉？是不是一看到图马上能够想起对应的诗句来？

第9节 联想串联法记忆诗词

我们都知道可以利用景物图像来记忆写景的诗词，而要记忆那些不写景的诗词，图像记忆不太适合；如果是记忆长篇幅的诗词，可以用数字编码定位法和地点定位法，而篇幅短小的诗词则适合用联想串联法来记忆。

联想串联法是从篇幅短小的诗词中的每一句话中提取关键词或者关键意思，然后将这些关键词或者关键意思通过联想串联在一起。听起来是不是很熟悉？的确，这其实就是最开始我们说到的记忆词语的方法。把一个长一点的诗句浓缩成短小词语，通过记住这些词语来记住整首诗的大概，然后将一些漏掉的信息补充进去，进而达到记住全诗的目的。

如下文：

凉州词

［唐］王翰

葡萄美酒夜光杯，→葡萄酒，杯子

欲饮琵琶马上催。→琵琶，马

醉卧沙场君莫笑，→沙场

古来征战几人回？→征战

从每一句中都提取出几个关键词，然后将这些关键词串联在一起，联想成一个形象易记的故事：战士们把葡萄酒倒进杯子里，一饮而尽，然后听着琵琶曲，骑上战马去沙场征战。

通过上面这个小故事，是不是很轻松就记住了这些关键词呢？再回过头来看看原文，把一些修饰词等漏掉的信息加进去，将原文通读两遍，基本上就可以将整首诗记下来了。

再次强调，所有的方法都需要训练，读者朋友们要多找些类似的诗词训练，才能达到术在心中的境界。

第10节 现代文的记忆方法

曲曲折折的荷塘上面,弥望的是田田的叶子。叶子出水很高,像亭亭的舞女的裙。层层的叶子中间,零星地点缀着些白花,有袅娜地开着的,有羞涩地打着朵儿的;正如一粒粒的明珠,又如碧天里的星星,又如刚出浴的美人。微风过处,送来缕缕清香,仿佛远处高楼上渺茫的歌声似的。

这段话选自朱自清的《荷塘月色》,如何快速背下这段文字呢?读中学那会儿,大家是不是经常因为背课文而头大?早上抱着书本读了好久,等到背诵时还是会经常出现卡住的情况,大家是否想过造成这种现象的原因呢?

这是因为,文章中的每一句话、段落之间的联系并不是很紧密,造成了记忆短路。下面给大家详解如何运用记忆法克服这种记忆难题。

背诵步骤:

首先,把课文通读一遍,把关键词找出来:

荷塘 叶子 裙 白花 明珠 星星 美人 清香 歌声

其次,我们将关键词串联起来:荷塘上冒出许多叶子,把叶子裁成裙子,裙子上绣着白花,白花射出很多明珠,明珠射到猩猩(星星)身上,跑出了美人,美人在擦香水,还在唱歌。

再次,在细节的地方,加入一些形容性的词语(如田田的叶子),然后还原信息。

最后,把文章重新朗读一遍。

接下来,就可以把书合上,试着回忆原文,看看能够回忆出多少。如果可以回忆出百分之八九十，那就表示你的记忆效果很不错了，不要指望用记忆法可以百分之百一字不漏地记住全文，这是不现实的。记忆法不是万能的，它只是可以帮助我们记住绝大部分信息，要想保持长久而完整的记忆，还是得靠经常复习才可以。

第 4 章

历史知识高效记忆方法

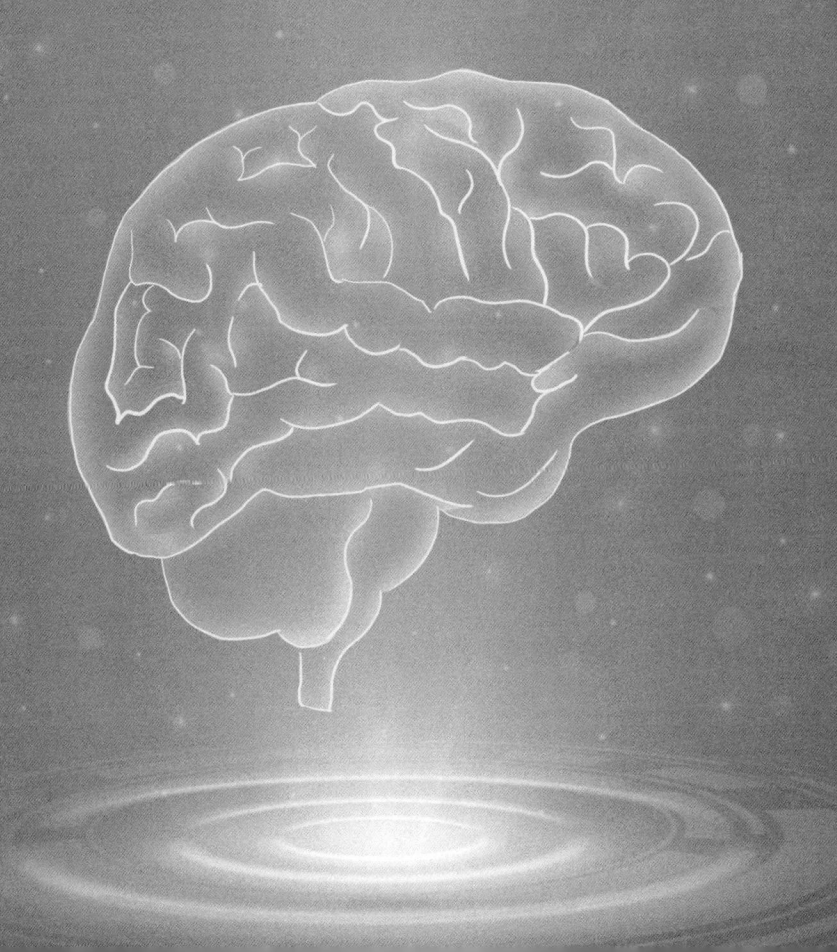

第1节 历史大事年代表记忆法

在中学历史学科中,最难记忆的莫过于年代和简答题、问答题之类的知识。历史大事同时包含数字和文字信息,相信很多读者都对此很头疼。

这类信息之所以难以记忆,原因在于年代和事件之间没有直接联系,因此经常出现的一种状况是,听到别人提起某个很熟悉的事件时,我们脑海中有印象,但记不起具体是哪一年发生的。

知道了记忆的难点,那我们在记忆的时候就要想办法将事件本身和年代联系起来,这样就可以把两个没有关联的信息给串起来了。

记忆历史年代有两种方法,一种是谐音法。有的历史年代前面的数字信息正好可以转换成熟悉的谐音,对于这种内容就比较适合采用谐音法来记。比如:

印度民族大起义——1857年

"18"谐音"一把","57"谐音"武器"

联想:印度人民要起义,当然得有一把武器才行。

英国人斯蒂芬森发明了蒸汽机车——1814年

"18"可以想到谐音"一把","14"谐音成"钥匙"

联想:斯蒂芬森发明了蒸汽机车,当然需要一把钥匙来开车了。

事实上,能够用谐音法来记忆的历史年代只是小部分,绝大部分的历史年代是无法谐音的,这时候我们就需要用到一种万能的方法——编码法。将年代变成相对应的数字编码，然后与事件串联在一起，这样就可以把毫不相干的年代和事件紧密联系在一起了。

编码记忆法在记忆与数字有关的信息时经常用到，是记忆历史事件表最有效的一种方法。接下来，我们一起来看看编码法是如何运用的。

1911年，黄花岗起义

1908年，孟买工人大罢工

1840年，第一次鸦片战争

1898年，戊戌变法

1901年，《辛丑条约》签订

1839年，林则徐在虎门销烟

我们学生阶段历史课本中需要记忆的古今中外历史大事有数千个，以上面的几个历史大事来举例，请问有谁可以读一遍就记住？如果不能，那么亲爱的读者，请你测试一下，你需要多长时间才能记牢这几个历史年代，记完后过三四小时再来考考自己，看看还记得多少。然后对比一下，用我们接下来的方法记需要多长时间，过三四小时再来考查一次，看看还记得多少。

1911年，黄花岗起义

数字编码：19衣钩，11筷子。

脑海中出图：人们拿着衣钩当武器去参加起义，肚子饿了就用筷子夹起黄花来吃。

1908年，孟买工人大罢工

数字编码：19衣钩，08溜冰鞋。

脑海中出图：工人拿着衣钩穿着溜冰鞋去参加罢工，穿溜冰鞋是方便随时逃跑。

1840年，第一次鸦片战争

数字编码：18腰包，40司令。

脑海中出图：司令的腰包里装着很多鸦片。

1898年，戊戌变法

数字编码：18腰包，98球拍。

脑海中出图：戊戌变法的内容就是禁止人们背着腰包拿着球拍去打球。（这样解析只是为了便于记忆，在实际学习中，大家要注意理解历史事件的真实情况。）

1901年，《辛丑条约》签订

数字编码：19衣钩，01花盆。

脑海中出图：我用衣钩勾起《辛丑条约》扔进花盆里。

1839年,林则徐在虎门销烟

数字编码:18腰包,39山丘。

脑海中出图:林则徐把烟都装进腰包里,扔在山丘上全部销毁了。

相信大家都掌握了用编码记忆历史事件的方法。请用这种方法尝试着将其他一些常考的重大历史事件及发生时间记下来。每天训练1小时,坚持1个星期,就可以达到5分钟轻松记忆40个此类历史事件的水平。

第2节 各种小知识点的记忆技巧

中学历史学科里面除了历史年代、问答题,还有些简短的小知识点,这些知识点不太需要理解,全凭记忆,也是考试中常会出现的。请看下面的案例。

1. 北京人学会了使用天然火,山顶洞人最早学会了钻木取火。

联想:现在的北京人用天然气生火做饭,古时候人们居住在山顶的洞里面钻木头取火。

2. 分封制使西周贵族集团形成了"周王—诸侯—卿大夫—士"的等级序列。

联想:等级制度根据内在逻辑关系很好记忆,王以下是诸侯,然后是卿大夫,最后是士,基本符合官阶的大小,可以联想成把稀粥分给大家吃时,要按照官阶的大小来分。

3. 中国古代第一个国家政权是夏朝。

联想：我国古代第一个国家是在夏天很热的时候建立的。

4.《春秋左氏传》《春秋公羊传》《春秋谷梁传》，合称"春秋三传"。

联想：一个姓左（《春秋左氏传》）的人把稻谷和高粱（《春秋谷梁传》）拿去喂一只公羊（《春秋公羊传》）。

5. 我国首次制定赎刑是在夏朝。

联想：我国规定在夏（夏朝）天可以赎（赎刑）罪。

第3节　问答题、简答题的记忆技巧

历史学科考试中问答题占的分值比较大，而且内容繁多，的确很难记忆。

背过问答题的读者都知道，记忆这类题型最大的痛点就在于回忆时可能会突然想不起下一条内容。跟其他很多知识点一样，产生遗忘的原因在于信息点之间没有关联，我们是通过死记硬背强行记下来的。下面就分享一种高效记忆问答题的方法。

中英《南京条约》的主要内容是：

（1）宣布结束战争。两国关系由战争状态进入和平状态。

（2）清朝政府开放广州、厦门、福州、宁波、上海五处为通商口岸。

（3）清政府向英国赔款2100万银元。

（4）割香港岛给英国。

（5）废除清政府原有的公行自主贸易制度，准许英商与华商自由贸易。

（6）英商进出口货物缴纳的税款，中国需与英国商定。

（7）以口头协议决定中英民间"诉讼之事"，"英商归英国自理"。

请各位读者观察一下上面的例子，并思考一下这类信息跟我们前面讲过的哪类信息很类似。如果可以想到，那么我们就可以用相同的方法去记忆。

其实，这个问答题跟我们前面讲过的三十六计是同一个类型的知识。同样都是很多条内容，每一条都有序号，因此我们可以用数字编码定位法来记忆，即把每一条的内容跟前面的数字编码联系起来，这样数字编码就可以帮助我们回忆出原文的内容。

比如第一条，"1"的编码是蜡烛，内容是：宣布结束战争。两国关系由战争状态进入和平状态。我们可以联想：人们点着蜡烛祈祷和平，战争就结束了，进入和平状态。

第二条，"2"的编码是鸭子，内容是清朝政府开放广州、厦门、福州、宁波、上海五处为通商口岸。我们可以这样联想：清政府开放这五处作为通商口岸来贩卖鸭子。

第三条，"3"的编码是耳朵，内容是清政府向英国赔款2100万银元。我们可以联想：跟别人打架把别人的耳朵打伤了，所以要赔偿别人2100万银元。

第四条，"4"的编码是红旗，内容是割香港岛给英国。我们可以联想：割让了香港岛给英国，所以插上英国国旗。

看到这里，相信各位读者对于记忆这类问答题的方法有所了解了，关键点就在于把前面的数字编码跟后面的主要内容和主要意思巧妙地联系起来，使之互为线索，从而帮助我们想起每一条对应的内容。例子中剩下的三条，请读者朋友自己尝试着去联想一下，检验一下自己的掌握情况。

对于有些内容比较简短的简答题，我们还可以采用标题定位的方法。所谓标题定位，就是用题目作为定位系统，根据答案的数量，从题目里对应找出几个关键词来作为定位系统。所提取出的关键词必须能够表达题目的主要意思，不然会导致我们只记住了答案而记不住题目。

说一说王安石变法的主要内容是什么。（以下为部分内容）

1. 青苗法　2. 农田水利法　3. 募役法　4. 方田均税法　5. 均输法

像这类题目，我们当然可以用前面学到的数字编码定位法去记，不过用标题定位法会更简单一些。

以给出的五条答案为例，我们要从问题中提取出五个关键的信息作为定位系统。最简单的提取方式是：王安石变法。

然后用提取出的每个字分别对应一条内容。"王"跟"青苗法"该如何联系起来呢？我们可以说：大王在田地里种青苗。"安"和"农田水利法"，我们可以想象：在农田里面安装水利工程。"石"和"募役法"，我们可以想象：政府募役了一批人去搬石头。"变"和"方田均税法"，我们可以想象：把农田变成了方的，很平均。"法"和"均输法"，由法字我们可以联想到电脑打字的输入法。再回过头来看看这个案例的题目，是不是发现答案马上就浮现出来了呢？这就是标题定位的魅力所在，即答案就在题目中。

其实历史学科中的很多题目考验的是人的理解能力，如果无法理解题目，就会完全无法下笔回答。在理解的基础之上，也会同时考我们的知识储备能力，这时候记忆能力才会被派上用场。

记忆法更像是一种思维方式，真正用途最大、使用率最高的也就那么几种。有的书上写了五花八门的方法，但它们都万变不离其宗，唯有真正掌握这些记忆法的精髓和原理，才能更好地运用这些记忆工具。

第 5 章

地理、生物知识高效记忆

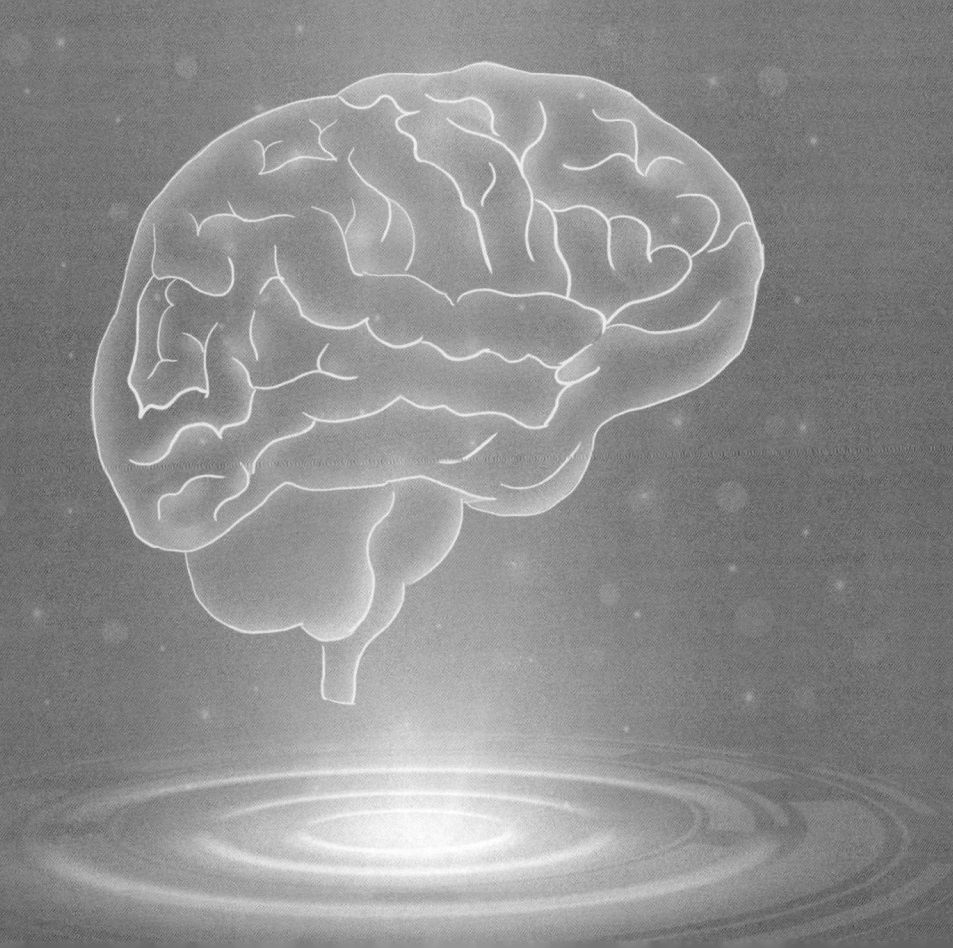

第1节 联想串联法记忆世界之最

让我们一起尝试使用前文中介绍的联想串联法来记忆以下知识点。

1. 世界上面积最大的平原是亚马孙平原。

联想：这一条信息的关键点有两个地方，一是面积最大的平原，不是海拔最高的平原，也不是面积最大的高原；二是名字为亚马孙平原。因此，我们可以联想出一个故事，将这两个关键点给联系起来：亚洲的马（亚马）都喜欢去面积最大的平原吃草。

2. 世界上海拔最高的大洲是南极洲，海拔最低的大洲是欧洲。

联想：因为海拔最高，所以很难（南）到达，因而海拔最高的是南极洲；"欧"跟"凹"发音类似，海拔最低，所以当然是凹进去的。

3. 世界上面积最大的大洋是太平洋，面积最小的大洋是北冰洋。

联想：有歇后语是太平洋的警察——管得宽，由此可以联想到太平洋是面积最大的；面积最小的北冰洋，由于面积太小了只能装北方的冰块。

4. 世界上最长的山脉是安第斯山脉。

联想：正是因为世界上最长的山脉太长了，所以我得安排一辆的士（安第斯）带我走。

5. 世界上海拔最高的山脉是喜马拉雅山脉。

联想：在海拔最高的山脉上给马洗澡（喜马）。

6. 世界上最大的群岛国家是印度尼西亚。

联想：印度尼西亚简称"印尼"（英里），世界最大的群岛有一英里那么大。

7. 世界上天然橡胶、油棕、椰子、蕉麻等热带经济作物的最大产地是东南亚。

联想：东南方气候较好，所以盛产热带经济作物。

8. 世界上面积最大的大洲是亚洲，面积最小的大洲是大洋洲。

联想：我们所在的亚洲是最大的，最小的洲面积小到只有一个民国时期的大洋那么大。

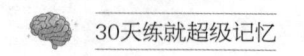

9. 世界最大的佛教国家是泰国。

联想：老太太（泰）都喜欢信奉佛教。

10. 世界上面积最大的高原是巴西高原。

联想：想象高原都是草坪，很适合踢足球，巴西是世界足球大国，正是世界上最大的高原孕育出巴西强大的足球。

11. 世界上最大的湖泊是里海。

联想：既然是世界上最大的湖泊，那肯定很厉害（里海的谐音）了。

12. 世界上最长的内流河是伏尔加河。

联想：由伏尔加想到伏特加，一种很烈的酒，喝了这种烈性酒会泪流（内流）满面。

第2节 编码法记忆地理、生物数据类信息

让我们尝试用编码法来记忆以下知识点

1. 赤道周长约为4万千米。

联想：赤道太热了，赤道上生活的人都死完（4万）了。

2. 地球上海洋面积占71%，陆地面积占29%。

联想：古时候造反起义（"71"的谐音）的人都会被扔进大海里淹死；我二舅（"29"的谐音）是人类，生活在陆地上。

3. 地球上的水资源总量中，海水占96%。

联想：远古时期，人们用旧炉（"96"的谐音）和海水煮食物吃。

4. 黄河的长度约5464千米。

联想：黄河泛滥成灾，虎死牛死（谐音5464）。

5. 长江的长度约6300千米。

联想：长江水里面有很多的流沙（63）和石头（00）。

6. 地球表面积：5.1亿平方千米。

联想：由5.1联想到五一劳动节，进而想到工人，可以想象成地球表面的绿化都是勤劳的工人在五一劳动节创造出来的。

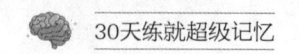

第 3 节　高效记忆各类常识

让我们尝试灵活使用各种方法来记忆下面的知识。

1. 地壳中元素的分布与含量（如下图所示）。

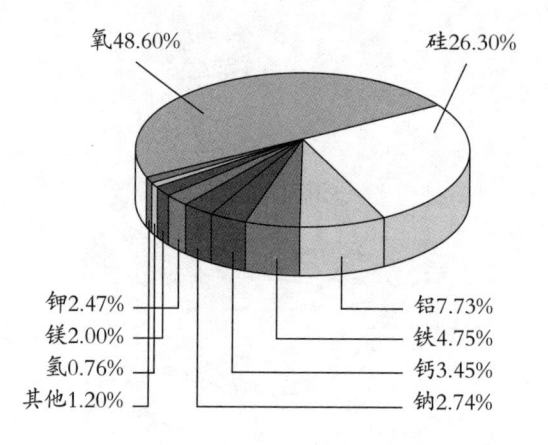

氧48.60%
硅26.30%
钾2.47%
镁2.00%
氢0.76%
其他1.20%
铝7.73%
铁4.75%
钙3.45%
钠2.74%

高低顺序记忆起来比较麻烦，每个元素之间也没有直接联系，我们可以运用前面讲到的转换技巧，用谐音的方法把每个元素对应的汉字进行变音、变调转换成另外一个字，使它们刚好可以组合成一句有意义的话。

比如，可以使用谐音编成这样的小故事：养（氧）闺（硅）女（铝），贴（铁）给（钙）那（钠）家（钾）美（镁）青（氢）。

2. 太阳系八大行星按照与太阳的距离从近到远，依次为水星、金星、地球、火星、木星、土星、天王星、海王星。

水和金在一起，可以谐音成水晶，因此"金"字就变成了读音接近的

"晶"字，或者也可以把"金"字想成近音字"浸"；天王星和海王星，"天"和"海"两个字组合在一起时，我们可以把"天"字转换成"填"这个字，即填海的意思。我们可以利用谐音和逻辑编成这样的小故事：水（水星）晶（金星）做的地（地球）球起火（火星）了，把木（木星）头都烧成了土（土星）后，可以用来填（天王星）海（海王星）。

还可以用另外一种联想方法：水（水星）浸（金星）地（地球）球，火（火星）烧木（木星）成土（土星）填（天王星）海（海王星）。水浸泡着地球，于是用火来烤，结果火把木头烧成了土，可以用来填海。

3. 人体中的微量元素有：铁、锰、硼、锌、钼、铜（Fe, Mn, B, Zn, Mo, Cu）等。

谐音联想记忆：铁猛碰新木桶。

4. 人体中的常量元素有：碳、氢、氧、氮、磷、硫、钙、钾、镁（C, H, O, N, P, S, Ca, K, Mg）。

联想：P想象成People，即人，把上述元素重新排序为氧、磷、硫、氮、碳、氢、钙、镁、钾（O, P, S, N, C, H, Ca, Mg, K），可以想成洋人留蛋探亲，盖美家（洋人留着鸡蛋去探亲，然后盖了一个很美的房子做家）。

5. 人体必需的8种氨基酸：甲硫氨酸（蛋氨酸）、缬氨酸、赖氨酸、异亮氨酸、苯丙氨酸、亮氨酸、色氨酸、苏氨酸。

用字头歌诀法，提取每个信息的首字：甲缬赖异苯亮色苏。采用谐音编成这样的小故事：①甲携来一两本亮色书。②假设来借一两本书。

第6章

英语单词一遍记得牢

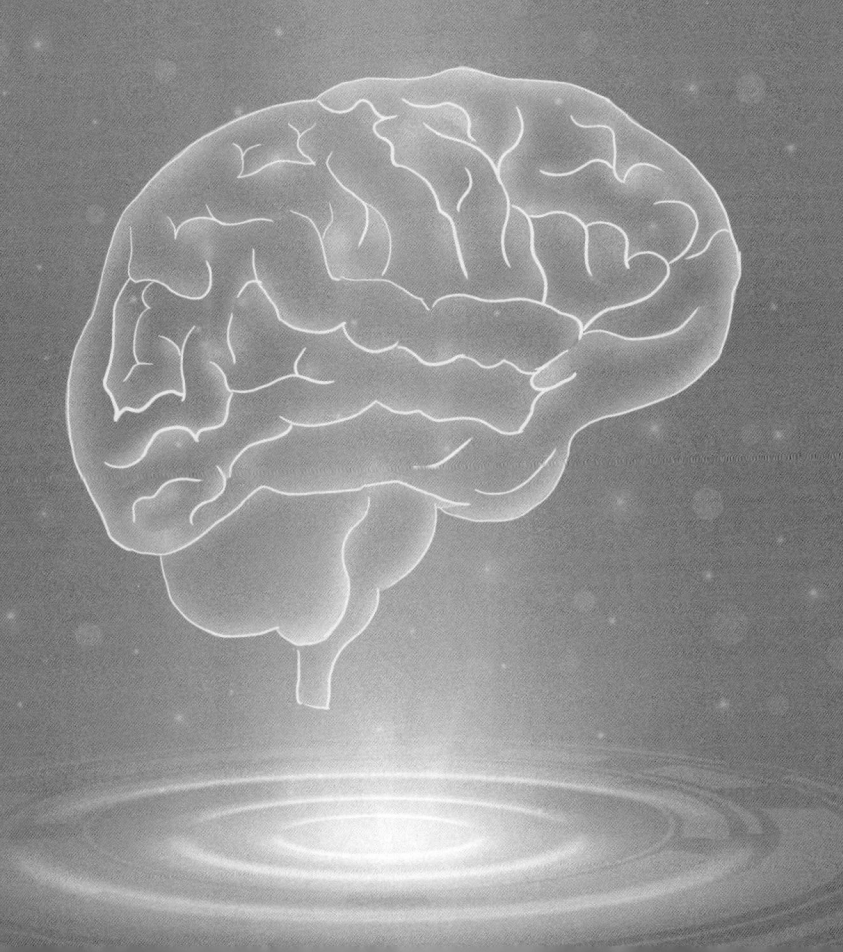

第 1 节　单词记忆的原理

前面我们已经详细地分析过，有些信息我们很难记住，是因为信息之间的关联性不够。这个问题在英语单词的记忆上体现得尤为明显，需要记的内容包含单词和中文意思两部分，单词字母组合和中文意思之间没有关联，我们在记忆单词的时候若是靠死记硬背来记住中文意思，记忆就会不够牢固。

现在很多中小学生在学习自然拼读法，即根据单词的音标准确地发音，通过发音写出单词。这的确是一个很不错的办法。英语单词中固定的字母组合是有固定发音的，因此，我们可以根据发音倒推出单词的拼写。我上中学时也经常用这种方法帮助拼写单词。比如英语里面"oo"组合在一起有两种发音，一种是长音"u:"，如"gloom，boom"，另一种是短音"ʊ"，如"look，book"。

除音标拼读外，还有一种提升我们单词记忆效率的方法，就是养成良好的记忆习惯。很多人说自己的记性不好，缺乏方法是其中一个原因，另一个原因就是记忆习惯有问题。很多人记住了知识以后就放到一边不管了，很少会拿出来复习，即使拿出来复习也是很久以后了，这时候大部分内容都已经淡忘了，再复习意义也不大。

艾宾浩斯遗忘曲线告诉我们，人在记忆完毕后一天内的遗忘率是最高的，所以养成良好的记忆习惯是很重要的，良好的记忆习惯可以大大提高我们的记忆效率。

第2节 提高单词记忆效率的步骤

一、需要准备的学习工具

"工欲善其事,必先利其器。"简单准备几件学习工具,能有效改善学习的效果。

(1)小型笔记本。不必太好太贵,普通的小型笔记本就可以,但要便于携带,可以放在兜里随时拿出来回忆。

(2)蓝色、黑色和红色的中性笔各一支。这是为了便于区分和做标记,如果想多点个性化,也可以用其他颜色的笔,只要能让自己很好地区分所记内容就行。

(3)一张长形的书签、卡片或扑克牌,只要不是透明的就可以。

(4)牢记后文的大小字母桩。

二、"三三原则"

(1)第一个"三":把一天分为上午、下午、晚上三个时间段。每个时间段都要记一次,注意是一次。这三个时间段各记一次,为第一个"三"。

具体来说:早上记忆的单词,下午一定要拿出来复习一遍,晚上睡觉前要再拿出来复习一遍。同样的内容要记三次。

(2)第二个"三":每次记忆都要将一组单词记三遍。就是说上午把

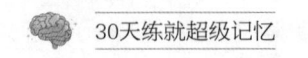

一组单词记三遍，下午把这一组单词再记三遍，晚上再记三遍。每个时间段对一组单词各记三遍，为第二个"三"。

记忆单词不限于记三次，以后可以根据自己的熟练度，加快对原来这组单词的回忆速度。前三次记忆可以只看单词回忆词义，第四次可以看词义拼写单词。回忆词义和拼写单词时会用到卡片。

我们一定要合理设计自己的单词回忆次数和回忆的间隔时间，利用好遗忘曲线。

三、单词的书写、标记及记忆步骤

（1）用蓝色笔书写单词和单词的词义，如果词义不好回忆，可以适当写出提示。把单词和词义分写在左右两列上，这样便于使用卡片遮挡。

（2）每页留出页眉和页脚。每记或回忆一次，就在页脚书写"正"的一画，用写正字来记录自己记忆的次数。

（3）从第二次记忆开始，可以用卡片遮挡词义来回忆，回忆不起来再移开卡片看词义，同时，要反思自己的联想内容，看能否找到更适合自己回忆的联想。每一次回忆不起来，就在该单词下面用黑笔画一条横线。当单词下有两条黑线时，用红笔圈起该单词，并用黑笔写在页眉上，只写单词。以后每次复习，都先看页眉，然后按顺序回忆，最后再回忆一次页眉上的单词。

（4）用卡片挡住单词，回忆单词拼写，想不起来的用红笔在词义下画横线，当词义出现两次红线时，用红笔圈起来，并在页脚写词义。以后每次复习，先复习页脚的单词词义，全部复习结束后再复习一次。

（5）卡片用来遮挡需要回忆的内容，所以不要用透明的卡片，在每次记忆完之后，还可以用卡片充当书签，让自己下次能快速打开要记的那页。

（6）每天早上和睡觉前检查"正"字笔画的多少，对数量少的那页，要优先在当天或明天记忆。这还能帮助你对自己某一天是否偷懒做出明确的判断。

（7）若一个单词有多种词义，前三次记忆时可以只记住关键的词义，在后续的复习中，通过增加联想，来记住其他含义。

第3节 背单词前必须掌握的词根

看似简单的单词背后其实藏着很多不为人知的秘密，解开这些秘密对于提升我们记单词的效率是有极大帮助的。这一节我就来给各位揭开单词背后的那些秘密。

英语单词和汉字一样，存在着很多"偏旁部首"，知道了偏旁部首，你就可以根据它们来猜测单词的意思。虽不说百分之百准确，但至少在别人告诉过你单词的意思后，你可以更快地领会它，从而大大增强你对英语单词"见字识意"的能力，真正做到认识一个单词，而把它的汉语意思仅作为一般参考。

比如，"representative"这一单词，请别急着说你认识这个单词，其实你不见得"认识"这个单词，你只是凭着记忆力记住了这串英语字母和两个汉字"代表"之间的对应关系。下面就来分析一下，这个单词为什么是"代表"的意思。

re在英语里是一个词缀，它是"回来"的意思；

pre也是一个词缀，是"向前"的意思；

sent是一个词根，是"发出去、派出去"的意思；

a仅是一个"连接件"，没了它，两个辅音字母t就会连在一起，影响发音，因此用一个元音字母a隔开；

tive也是一个词缀，是"人"的意思。

那么这几个部分连在一起是什么意思呢？

re-pre-sent-a-tive，就是"回来、向前、派出去、的人"，即"回来征求大家的意见后又被派出去替大家讲话的人"，这不就是"代表"的意思吗？这么去认识一个单词，才是真正"认识"了这个单词。

再比如，单词psychology。

psy=sci，是"知道"的意思；

cho是"心"的意思；

lo是"说"的意思；

gy是"学"的意思；

logy合起来是"学说"的意思。

psy-cho-logy连起来就是"知道心的学说"，因此就是"心理学"的意思。

以此类推，不要去死记硬背单词的汉语意思，而要用识别"偏旁部首"的方法去真正认识一个单词。真正认识了单词后，你会发现单词表里的汉语翻译其实很勉强，有时甚至根本翻译不出英语单词原本的内涵。

那么接下来的问题是，英语里有多少个词根？怎样知道并学会它们呢？

其实英语里常用的词根只有二百多个，它们就像汉语里的偏旁部首那样普通却重要，它们是学英语的第一课里就应该掌握的重要内容。英语学习者应及早掌握这些重要的常识，及早摆脱死记硬背的蛮干状态，及早进入科学、高效的识字状态。

序号	英语词根	英语意思	中文意思
1	ag	do, act	做，动
2	agri, agro, agr	field	田地，农田（agri 也作agro, agr）
3	ann	year	年
4	audi	hear	听
5	bell	war	战争
6	brev	short	短
7	ced, ceed, cess	go	行走
8	cept	take	拿取
9	cid, cis	cut, kill	切，杀
10	circ	ring	环，圈
11	claim, clam	cry, shout	喊叫
12	clar	clear	清楚，明白
13	clud	close, shut	关闭
14	cogn	known	知道
15	cord	heart	心
16	corpor	body	体
17	cred	believe, trust	相信，信任
18	cruc	cross	十字
19	cur	care	关心

续表

序号	英语词根	英语意思	中文意思
20	cur, curs, cour, cours	run	跑
21	dent	tooth	牙齿
22	di	day	日
23	dict	say	说
24	dit, don	give	给
25	du	two	二
26	duc, duct	lead	引导
27	ed	eat	吃
28	equ	equal	等，均，平
29	ev	age	年龄，寿命，时代，时期
30	fact	do, make	做，作
31	fer	bring, carry	带，拿
32	flor	flower	花
33	flu	flow	流
34	fus	pour	灌，流，倾泻
35	grad	step, go, grade	步，走，级
36	gram	write, draw	写，画，文字，图形
37	graph	write, records	写，画，记录器，图形
38	gress	go, walk	行走
39	habit	dwell	居住
40	hibit	hold	拿，持
41	hospit	guest	客人
42	idio	peculiar, own, private, proper	特殊的，个人的，专有的

续表

序号	英语词根	英语意思	中文意思
43	insul	island	岛
44	it	go	行走
45	ject	throw	投掷
46	juven	young	年轻，年少
47	lect	choose，gather	选，收
48	lev	raise	举，升
49	liber	free	自由
50	lingu	language	语言
51	liter	letter	文字，字母
52	loc	place	地方
53	log，loqu	speak	言，说
54	lun	moon	月亮
55	man	dwell，stay	居住，停留
56	manu	hand	手
57	mar	sea	海
58	medi	middle	中间
59	memor	memory	记忆
60	merg	dip，sink	沉，没
61	migr	remove，move	迁移
62	milit	soldier	兵
63	mini	small，little	小
64	mir	wonder	惊奇
65	miss，mit	send	投，送，发
66	mob	move	动
67	mort	death	死
68	mot	move	移动，动
69	nomin，onym	name	名

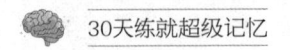

续表

序号	英语词根	英语意思	中文意思
70	nov	new	新
71	numer	number	数
72	oper	work	工作
73	ori	rise	升起
74	paci	peace	和平，平静
75	pel	push, drive	推，逐，驱
76	pet	seek	追求
77	phon	sound	声音
78	pict	paint	画，描绘
79	plen	full	满，全
80	plic	fold	折，重叠
81	pon, pos	put	放置
82	popul	people	人民
83	port	carry	拿，带，运
84	preci	price	价值
85	punct	point, prick	点，刺
86	pur	pure	清，纯，净
87	rect	right, straight	正，直
88	rupt	break	破
89	sal	salt	盐
90	scend, scens	climb	爬，攀
91	sci	know	知
92	sec, sequ	follow	跟随
93	sect	cut	切割
94	sent, sens	feel	感觉
95	sid	sit	坐

第4节 运用记忆法记单词时应避开的误区

这里要向各位读者说明，很多读者会陷入一个误区，就是认为每个单词都能够靠记忆法牢记，这种想法是不太现实的。之所以有人会产生这种观点，或许跟很多记忆大师推崇的记忆法无敌、记忆法是万能的、记忆法能够解决一切记忆难题这些观念有关。

前文中我们也讲过，记忆法只能作为解决知识记忆层面问题的一个辅助工具，并不能完全取代原有的大脑功能。有的知识纯粹属于记忆层面，这时候用记忆法完全可以解决问题，但是有些知识点，既需要靠大脑原有的生理记忆功能，也需要用一些记忆法的技巧。

拿英语单词来说，大概只有70%的英语单词是比较适合用记忆法去记的，有很多单词不太适合用记忆法去记，用传统的方法去记或许更好。还有些单词需要把记忆法和原始的死记硬背结合起来去记。很多人了解了记忆法后，反而本末倒置，寄希望于抛弃原来的一切，用记忆法解决所有的问题。

比如，单词记忆法里有一种拆词法，很多记忆法的书会直接指导读者把单词根据编码拆分成几个部分，然后将每个拆分出的字母编码都跟中文意思联系起来。可是有的单词由于字母太多，如果逐个拆分会导致编码太多，有些无用的部分会使得联想出的故事太过牵强。

有时选取有代表性的几个部分，忽略掉不重要的部分反而会更好，人的大脑特性决定了哪怕是主动忽略的部分，我们的潜意识也不会忘记。有时候我们对于一个陌生的单词也并不是完全没印象，只是缺一个回忆信息的引爆

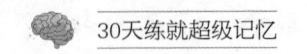

点，只要我们选取的一部分编码能作为一个信息提示点帮助我们回想起单词意思就可以了。

很多记忆法的书会浓墨重彩地介绍很多种记忆单词的方法，但其实，很多方法都是重叠的，我们日常用得频率最多、最实用的就那么几种而已，只要学会融会贯通，几种方法便足够应付日常学习中的单词记忆难题了。

第5节 单词高效记忆之字母编码法

用字母编码法记单词侧重逻辑联想，即把单词拆分，然后跟中文意思联想成一个逻辑故事，由此把两个没有关联的信息联系起来。拆分单词时要根据单词的组合特点灵活处理，没有固定的形式。

比如，有的单词中的某两个或者三个字母刚好是我们熟悉的汉语拼音，就可以拿出来单独作为一个编码，还有的单词中的某几个字母组合在一起刚好是一个完整的英语单词或者某个单词的缩写形式，这也可以作为一个编码。

因此在记忆单词前，我们需要先来熟悉下对应的字母编码。英文字母从音、形、义不同的角度所对应的编码也不一样。

一、字母的编码方式

（1）谐音化。根据字母的英文发音，来寻找与其相似的汉语发音，如

"P"，我们可以谐音为"皮、劈、屁、琵（琶）"。

（2）拼音化。比如字母"W"，汉语拼音中发音类似"乌"，可以把它记成"乌鸦"。又如"ab"，是"阿爸"的拼音首字母。

（3）形象化。比如字母"A"的形状像一顶尖尖的帽子，故"A"的编码就是帽子；字母"a"样子像只青蛙，故"a"的编码就是青蛙。

（4）数字化。数字化的情况不是很多，比如单词"log（木头）"像数字"109"，"zoo（动物园）"像数字"200"，字母"b"像数字"6"，字母"l"像数字"1"等。

（5）单词化。这是指利用已经掌握的英语单词来编码，比如对于字母"P"我们可以为它找到更多的编码，比如"parking（停车场）""police（警察）""prince（王子）"等。

二、字母组合编码方式

（1）一般以组合中的字母作为中文拼音的声母找汉字。比如字母组合"wh"，我们分别以"w"和"h"为声母，然后尽量找到具体形象的中文编码，比如"武汉、外汇、舞会、王后"等。

（2）利用其代表的汉语意义，比如CO（一氧化碳）、Cl（氯）、Al（铝）、Cu（铜）等。

（3）利用其发音找到相似的中文谐音。比如"tion"的英语发音是[nʃ]，与其相似的中文谐音是"神、婶、肾、省"等。

特别提醒：给字母或是字母的组合编码时，不能重复使用编码。比如字母"i"的拼音化编码是"医、姨"，就不能再拿编码"医、姨"作为字母"y"或"e"的编码。

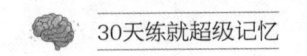

下面的表格给出了26个字母的形象、拼音、谐音编码。你也可以根据编码原则，去编造自己熟悉的编码。

字母	形象	拼音	谐音
Aa	头	阿姨	苹果
Bb	收音机 / 眼镜 / 6	伯伯	笔
Cc	月牙	瓷器	—
Dd	—	德国	弟弟
Ee	梳子	鹅	衣服
Ff	拐杖	佛	斧头
Gg	9	哥哥 / 鸽子	—
Hh	椅子 / 梯子	禾苗	—
Ii	蜡烛	—	爱人 / 矮人
Jj	钩子	鸡 / 机器	—
Kk	机枪	老K	可乐
Ll	棍子 / 1	—	—
Mm	麦当劳	妈妈	—
Nn	门	—	—
Oo	圈 / 0	我	海鸥
Pp	—	婆婆	皮 / 屁
Qq	企鹅	旗	—
Rr	树苗	—	—
Ss	蛇 / 美女	丝	—
Tt	伞	特务	题
Uu	桶 / 杯子	—	油
Vv	胜利 / 漏斗	—	—
Ww	皇冠	屋 / 巫婆	—
Xx	叉	西瓜	—
Yy	衣叉	姨妈	—
Zz	闪电 / 呼噜	—	嘴

下面是一些常见的组合字母编码。记住一些常用字母组合编码，同样可以帮助我们快速记忆英语单词。

字母组合	相应编码
ab	阿爸、阿伯、哑巴
ad	阿弟、哀悼、广告、AD钙奶
al	暗流、按钮、阿拉伯、铝
ap	阿婆、苹果
ar	爱人、矮人
au	遨游、澳大利亚
bl	81、军人、玻璃、辩论
br	病人、本人、哥哥
ch	菜花、池、茶花
ck	厨师、蛋糕、衬裤、残酷
cl	齿轮、赤裸、氯、处理
co	可乐、一氧化碳
com	计算机、公司、因特网
cr	超人、成人
cu	醋、铜
dr	敌人、大人、打人
ee	眼睛
fl	俘虏、附录、肥料
fr	夫人、妇人、犯人
gl	91、公路、挂历
gr	工人、国人、骨肉
ic	冰块、IC卡、一车、哀辞
im	一猫、一毛钱、姨母
ive	夏威夷、妻子（wife）

111

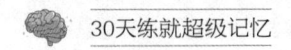

续表

字母组合	相应编码
oa	圆帽
oo	眼睛、望远镜
or	或者
ou	藕、鸥、呕
ph	pH、电话
pl	笸箩、铺路、漂亮
pr	仆人、聘任、怕人
sh	上海、石灰、失火
sl	司令、山岭、森林、苏联
sq	身躯、山区、死去
st	尸体、试题、石梯、沙滩
sw	散文、生物、市委、书屋
th	天河、图画、屠户、弹簧
tion	甥、婶、肾、神
tr	tree（树）、土壤、桃仁、土人、投入
un	联合国
wh	武汉、外汇、舞会、王后
et	外星人

牢记这些字母编码表，是使用字母编码法的基础。字母编码法是把英语单词拆分成单个或者组合的字母，然后把字母转换成编码进行联想记忆的方法。下面我们来看几个例子。

abroad [əˈbrɔːd] *adv.* 往国外，海外

记忆法：ab（阿爸）+ road（路上）

联想：阿爸在去往国外的路上。

wheat [wi:t] *n.* 小麦

记忆法：wh（武汉）+ eat（吃）

联想：在武汉吃小麦。

zoo [zu:] *n.* 动物园

记忆法：像数字200

联想：动物园里有200种动物。

gloom [glu:m] *n.* 郁闷，忧郁

记忆法：gloo（像数字9100）+ m（麦当劳）

联想：吃了9100次麦当劳当然会感到很郁闷。

clock [klɒk] *n.* 时钟

记忆法：c（月亮）+ lock（锁）

联想：月亮里面的锁变成了一个时钟。

nice [naɪs] *adj.* 好的，令人愉快的

记忆法：n（门）+ ice（冰）

联想：夏天躲在门里面吃冰激凌是一件很令人愉快的事。

meet [mi:t] *v.* 相逢，遇见

记忆法：m（门）+ ee（两只鹅）+ t（他）

联想：大门里的两只鹅遇见他。

family ['fæmɪli] n. 家庭

记忆法：fa（father，爸爸）+ m（mother，妈妈）+ i（我）+ l（love，爱）+ y（you，你们）

联想：爸爸妈妈，我爱你们。

book [bʊk] n. 书

记忆法：boo（数字600）+ k（机关枪）

联想：我用600把机关枪换了一本书。

case [keɪs] n. 箱，盒，橱

记忆法：ca（擦）+ s（蛇）+ e（鹅）

联想：我擦箱子和橱柜时看见了一条蛇和一只鹅。

spell [spel] v. 拼写

记忆法：s（蛇）+ pe（喷出）+ ll（两根棍子）

联想：蛇喷出的两根棍子可以拼写单词。

baseball ['beɪsbɔːl] n. 棒球

记忆法：ba（爸爸）+ s（蛇）+ e（鹅）+ ball（球）

联想：爸爸养的蛇和鹅把棒球给吃了。

block [blɒk] *n.* 街区

记忆法：blo（610）+ ck（CK牌香水）

联想：610瓶CK牌香水在这个街区贩卖。

assess [ə'ses] *v.* 评估

记忆法：a（帽子）+ ss（两个美女）+ e（衣）+ ss（两个美女）

联想：戴帽子的两个美女跟穿衣服的两个美女，谁更漂亮？请大家好好评估。

thunder ['θʌndə] *n.* 雷，雷声；*vi.* 打雷

记忆法：th（天河城）+ under（在……下面）

联想：天河城下面在打雷，传来阵阵雷声。

bamboo [bæm'bu:] *n.* 竹子

记忆法：ba（爸）+ m（妈）+ boo（600）

联想：爸妈吃了600根竹子。

ash [æʃ] *n.* 灰尘

记忆法：a（苹果）+ s（蛇）+ h（椅子）

联想：头顶着苹果的蛇正在椅子上扫灰尘。

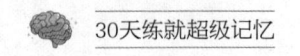

第6节 单词高效记忆之字母拼音法

有些英语字母组合跟汉语拼音非常相似，写法相同，就是读音不同。利用这一特点，我们可以在适当的时候把这些字母组合转换成汉语拼音，再根据汉语拼音的发音转换成对应的中文进行记忆。比如下面的例子：

siren ['saɪrən] *n.* 警报器

记忆法：si（死）+ ren（人）

联想：看到死人当然要拉响警报器。

rebuke [rɪ'bjuːk] *v.* 责备，指责

记忆法：re（热）+ bu（补）+ ke（课）

联想：学校在热天补课，受到了很多家长的责备。

famine ['fæmɪn] *n.* 饥荒；饥饿；极度缺乏

记忆法：fa（发）+ mi（米）+ ne（呢）

联想：就是因为饥饿、饥荒，所以才发米呢。

change [tʃeɪndʒ] *vt.* 改变，变更；交换，替换

记忆法：chang（长）+ e（鹅）

联想：嫦娥改变了对猪八戒的看法。

agent ['eɪdʒənt] *n.* 代理人；代理商

记忆法：a（阿）+ gen（根）+ t（ting，廷）

联想：我是阿根廷的代理人。

cage [keɪdʒ] *n.* 笼子

记忆法：ca（擦）+ ge（鸽子）

联想：擦关鸽子的笼子。

tune [tju:n] *n.* 曲调

记忆法：tun（吞）+ e（鹅）

联想：他吞了一只鹅，所以唱鹅的曲调。

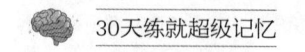

fence [fens] *n*. 栅栏

记忆法：fen（分）+ ce（厕所）

联想：栅栏分开了厕所。

第7节　单词高效记忆之谐音法

谐音法是学过英语的人都很熟悉的一种方法，就是根据英文的读音，对应地谐音成我们熟悉的中文。虽然效果还不错，可是一直受到诟病，许多人认为这种方法影响了对英文发音的学习。

客观地讲，反对者的意见也不是没有道理，但是不可一概而论。对于中小学生来说，他们本身英文的发音就不太准确，语感也不强，如果过度使用谐音法确实会影响他们的发音。而成年人对英语的语感更强，对单词的拼读理解得更透彻，用这种方法记单词时并不会影响到发音。只要把握好使用谐音法的度，它就既能够帮我们记住这个单词，又不影响我们的发音。我们来看一些利用谐音法记单词的例子。

ambulance ['æmbjʊləns] *n*. 救护车

谐音：俺不能死

联想：他受伤了，总在说"俺不能死"，所以快叫救护车啊。

vinegar ['vɪnɪgə] *n*. 醋

谐音：吻你哥

联想：吻你哥，嫂子会吃醋的。

pedestrian [pə'destrɪən] *n.* 行人，步行者

谐音：怕的是砖

联想：行人走路的时候怕的是砖绊脚。

tape [teɪp] *n.* 录音带

谐音：太婆

联想：太婆很喜欢听录音带。

picture ['pɪktʃə] *n.* 照片，图画

谐音：皮卡丘

联想：我在照片上画皮卡丘。

school [sku:l] *n.* 学校

谐音：死哭

联想：听说要去学校，小孩往死里哭。

furniture ['fə:nɪtʃə] *n.* 家具

谐音：房内缺

联想：房内缺的东西一般都是家具。

path[pɑ:θ] *n*. 路，小道；道路

谐音：怕死

联想：在路上走很怕死。

cushion ['kʊʃən] *n*. 垫子，坐垫，靠椅

谐音：酷刑

联想：有种酷刑叫坐垫子（垫子温度2000℃）。

mental ['mentəl] *adj*. 精神的；脑力的

谐音：馒头

联想：想要精神好，馒头要吃饱。

第8节 单词高效记忆之字母熟词分解法

字母熟词分解法适用于记忆一些比较长的单词，这些单词里往往包含另外的一个或几个单词，我们把这些单词分解出来，再和其他字母放在一起联想。

candidate ['kændɪˌdeɪt] *n*. 候选人，候补者

记忆法：can（能）+did（做）+ate（eat的过去式，吃）

联想：能做一些好吃的东西才能成为食神的候选人。

charm [tʃɑ:m] n. 魅力；妩媚

记忆法：ch（汉语拼音，长）+ arm（手臂，胳膊）

联想：女生有长长的手臂妩媚之极，魅力十足。

acute [ə'kju:t] adj. 尖的，锐的；敏锐的

记忆法：a（一）+cut（切）+e（汉语拼音，鹅）

联想：一把切鹅的刀是尖的、锐的。

history ['hɪstərɪ] n. 历史

记忆法：his（他的）+ story（故事）

联想：他的故事被写进了历史。

hijack ['haɪˌdʒæk] v. 抢劫

记忆法：hi（嗨）+jack（杰克）

联想：嗨，杰克，抢劫去吧。

keyboard ['ki:bɔ:d] n. 键盘

记忆法：key（钥匙）+board（面板）

联想：拥有很多钥匙的面板就是键盘。

doorway ['dɔ:ˌweɪ] n. 出入口

记忆法：door（门）+way（路）

联想：门那里的路就是出入口。

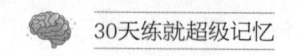

handwriting ['hænd,raɪtɪŋ] *n.* 书法

记忆法：hand（手）+writing（写）

联想：用手写书法。

alienation [,eɪlɪə'neɪʃən] *n.* 疏远，离间

记忆法：a（一个）+lie（说谎）+nation（民族）

联想：一个总是说谎的民族会被别的民族疏远。

mission ['mɪʃən] *n.* 任务

记忆法：miss（错过）+i（我）+on（上面）

联想：因为错过一个任务，我们都站在上面受罚。

outstanding [,aʊt'stændɪŋ] *adj.* 杰出的

记忆法：out（外面）+standing（正在站着）

联想：外面站着的人都是杰出的。

background ['bæk,graʊnd] *n.* 背景

记忆法：back（后面）+ground（地面）

联想：背景就是后面的地面。

bulletin ['bʊlɪtɪn] *n.* 报告

记忆法：bullet（子弹）+in（里面）

联想：子弹里面藏着报告。

sinister ['sɪnɪstə] *adj.* 险恶的

记忆法：sister（姐姐）+ni（你）

联想：姐姐你不是险恶的。

notice ['nəʊtɪs] *n.* 公告

记忆法：note（笔记）+ic（IC卡）

联想：笔记里的IC卡是用来记公告的。

shore [ʃɔ:] *n.* 海岸

记忆法：shoe（鞋）+r（小草）

联想：鞋载着小草去海岸。

shame [ʃeɪm] *n.* 羞耻

记忆法：she（她）+am（自我）

联想：她是自我觉得羞耻。

chemist ['kemɪst] *n.* 化学家

记忆法：chest（胸）+mi（米）

联想：化学家在胸口藏了很多米。

slide [slaɪd] *v.* 滑动

记忆法：side（旁边）+l（棍子）

联想：旁边有一根棍子在滑动。

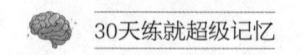

ballad ['bæləd] *n.* 民歌

记忆法：bad（坏的）+all（全部）

联想：坏的民歌全部扔掉。

fibre ['faɪbə] *n.* 纤维

记忆法：fire（火）+b（6）

联想：火把6种纤维都烧没了。

stoop [stu:p] *v.* 弯腰

记忆法：stop（停止）+o（呼啦圈）

联想：停止转呼啦圈，然后弯腰。

favour ['feɪvə] *n.* 恩惠

记忆法：four（四）+a（苹果）+v（漏斗）

联想：将四个苹果装在漏斗里给你，是我的恩惠。

第9节 单词高效记忆之归纳比较法

归纳比较法是寻找单词彼此间的差异和共同点，对相似或不同的单词进行归纳比较分析，然后进行记忆的方法。

认知心理学研究表明，归纳比较是一种提高记忆效率的有效组织策略。把相互关联的材料归为一类，就可以通过把握这一类的一个对象来把握其他所有的对象，达到触类旁通、以一记百的目的。

所以，归纳比较法是学习者发挥自己的主观能动性对单词进行组织和管理，从而扩大词汇量的一种很好的方法。根据单词的形、音、义，及其阴阳性的不同特点，可以将归纳比较记忆法分为四类：形似归纳比较法、音同归纳比较法、义似归纳比较法和主题归纳比较法。本书只跟大家分享形似归纳比较法的两种情形。

形似归纳比较法是归纳比较法中最常用的，也是功效最强大的。使用形似归纳比较法记忆新单词时，首先要找到一个与之形似的熟词作为记忆的桥梁，然后进行联想记忆。

形似归纳比较法可用来记忆单个单词，也可以用来记忆大量单词。记忆大量单词时，首先把形似单词进行归纳，放在一个记忆小组中，并在这一组单词中找出一个熟词作为回忆的线索，然后把熟词跟其他的单词进行联想记忆。

一、呼朋引伴法（记忆单个单词）

policy ['pɒlɪsɪ] *n.* 政策，方针

熟词：police [pə'liːs] *n.* 警察

联想：警察执行政策。

sheet [ʃiːt] *n.* 被单，被褥

熟词：sheep [ʃiːp] *n.* 绵羊

联想：绵羊在被单里睡觉。

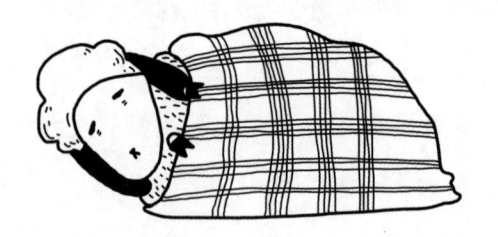

fight [faɪt] v. 战斗

熟词：night [naɪt] n. 夜，夜间

联想：在夜间战斗。

fold [fəʊld] v. 折叠

熟词：food [fu:d] n. 食物

联想：把食物折叠起来。

comb [kəʊm] n. 梳子

熟词：come [cʌm] vi. 来，来到；出现

联想：来这里，用梳子梳头。

deed [di:d] n. 行为，动作

熟词：deep [di:p] adj. 深的；纵深的

联想：做一个很深的动作。

keen [ki:n] adj. 渴望的

熟词：keep [ki:p] *vi.* 保持；坚持

联想：我保持着渴望成功的心态。

grove [grəʊv] *n.* 树林

熟词：glove [glʌv] *n.* 手套

联想：戴着手套去逛树林。

tight [taɪt] *adj.* 严格的，严密的

熟词：night [naɪt] *n.* 夜晚

联想：晚上一到，这里就会很严格。

applause [ə'plɔ:z] *n.* 喝彩，掌声

熟词：apple ['æpəl] *n.* 苹果 + use[ju:z] *n.* 使用

联想：使用苹果来喝彩。

二、羊肉串法（记忆三个以上单词）

在记忆英语单词的时候，很多人习惯一个字母一个字母地记忆，很少会以词或字母组合为单位记忆。在这里我们要拓宽视野，学习以词或字母组合为单位，一组一组地记忆英语单词。这就是羊肉串记忆法，就像把多块羊肉串起来一样，一次可以记忆多个形似的单词。我们还是通过一系列的实例来学习这种方法。

all

联想：ball　call　fall　hall　mall　tall　wall

are

联想：bare　care　dare　fare　hare　mare　rare　ware

ear

联想：bear　dear　fear　gear　hear　near　rear　tear　wear　year

ill

联想：bill　fill　hill　kill　mill　pill　till　will

如果仅仅是根据词形相似进行记忆，那么很容易混淆这些词语。所以，一定要使用必要的技巧来区分它们的不同之处，这样记忆效果才会好。

下面用一个实例来向大家说明，如何在使用羊肉串法时区分开不同的单词。

请尝试记住这一组词：

bangle　dangle　fangle　jangle　twangle　tangle　entangle　untangle　wangle

这组词汇的词形类似，词中都有"angle"这一字母组合，这是它们的共性。同时，它们又不完全一样。我们可以在它们彼此不同的部分下面画线，以此提醒自己。要区分记忆这组词汇，接下来的关键是创造画线部分与单词中文意思的联结。

bangle ['bæŋgl] *n*. 手镯；脚镯

b拼音：臂

联想：手臂上戴着手镯。

dangle ['dæŋgl] *v*. 悬挂

d拼音：吊

联想：吊即悬挂的意思。

fangle ['fæŋəl] *n*. 新款式；新发明

f拼音：发

联想：发，发明，新发明。

jangle ['dʒæŋgl] *v*. 发出刺耳的声音

j拼音：尖

联想：尖，尖叫，发出刺耳的声音。

twangle ['twæŋgl] *n*. 口音；鼻音

tw：two

联想：两个声音，一个口音，一个鼻音。

tangle ['tæŋgl] *n*. 纠缠

谐音：探戈

联想：跳探戈的人们纠缠在一起。

entangle [ɪn'tæŋgl] *v*. 使纠缠

en：前缀，表"使……"

联想：使纠缠。

untangle [ʌn'tæŋgl] *v*. 解开

un：前缀，表"反义"

联想：纠缠与解开互为反义词。

wangle ['wæŋgl] v. 使用策略；使用诡计

w拼音：我

联想：我使用策略的时候，有人说我使用诡计。

下面我们再来看一个例子。

请尝试记忆以下词语：

berry cherry merry lorry

寻找单词的区别：

berry ['berɪ] n. 浆果（如草莓等）

b拼音：暴

cherry ['tʃerɪ] n. 樱桃；樱桃树

ch拼音：秤

merry ['merɪ] adj. 欢乐的，愉快的

m拼音：妈

lorry ['lɔːrɪ] n. 运货汽车，卡车

lo数字：10

暴吃家族：

暴吃许多berry（浆果），

秤得几斤cherry（樱桃），

妈妈吃得merry（快乐的），

再买10辆lorry（卡车）。

在上面的例子中，我们编写了一首歌谣来串联起要记忆的单词，歌谣也是非常有助于记忆的手段，同时也能使记忆过程充满乐趣。

可以说，形似归纳比较法是记忆大量英语单词时最有效的方法。我们平时在记单词的时候，一定要多积累、多总结，不要只是机械记忆，可以主动使用形似归纳比较法，从而实现一次性记忆更多英语单词，扩大自己的词汇量。

第10节 单词高效记忆之词素记忆法

词素记忆法，就是利用掌握的词根和词缀记忆新单词的方法。在前文中，我们已经了解到，许多英语单词是在词根的基础上，经过添加代表某种含义的前缀、后缀，或是经过其他处理演化而来的。掌握了英语单词的构词特点及规律，当我们不认识某个英文单词时，就可以利用词素来猜测这个词的意思，掌握常见词素对我们扩大词汇量有很大的帮助。

但是，词素记忆法在词汇记忆系统中是一种备用方法，而不是词汇记忆系统的主流方法。使用词素记忆法记忆单词时，最关键的是要找准词根、词缀，因此，掌握一定的词根、词缀是使用词素记忆法的前提。

在英语中，词根、词缀的量是很大的，所以，对于普通的英语学习者来说，只需要掌握最常用的、出现频率比较高的词根和词缀就可以了。而如果是英语研究者，则应尽量扩大自己的词根和词缀量。下面我们来看几个用词素法记忆单词的例子。

dislike [dɪs'laɪk] vt. 不喜欢

拆分：dis（表否定）+ like（喜欢）

联想：不喜欢。

present ['preznt] n. 礼物

拆分：pre（表在前，预先）+ sent（送出）

联想：预先送出的是礼物。

unknown [ˌʌn'nəʊn] adj. 不知道的

拆分：un（表否定）+ know（知道）

联想：不知道。

competition [kɒmpə'tɪʃən] n. 比赛

拆分：compete（比赛）+ tion（名词后缀，表行为的过程、结果、状态）

联想：比赛。

weakness ['wi:knəs] n. 弱点，不足

拆分：weak（虚弱）+ ness（名词后缀，表性质、状态、程度）

联想：弱点，不足。

nonsense ['nɒnsəns] n. 胡说八道

拆分：non（表否定）+ sense（意识）

联想：胡说八道。

permission [pəˈmɪʃən] *n.* 许可

拆分：per（通过）+ mission（任务）

联想：通过了这个任务就会获得许可。

infamous [ˈɪnfəməs] *adj.* 臭名昭著

拆分：in（表否定）+ famous（有名的）

联想：臭名昭著的。

下面为大家总结了一些常见的词素，请大家在记忆过程中灵活运用。

前缀	意义
dis-	表否定，反动作，分开
in-	表否定
per-	通过，每
un-	表否定，反动作
mis-	表错误
non-	表否定
de-	表反动作，离去，向下
by-	表次要的，附近的
ex-	表外部，先，离开
pre-	表在前，预先
pro-	表在前，向前，先
sub-	表在下面，低，次
sup-	表在下面
super-	表在……之上
mid-	表在……中间

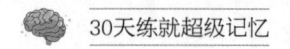

续表

前缀	意义
re-	表再次
com-，con-	表共同
trans-	表移上，在那一边

后缀	意义
-er	表从事某职业的人，某地的人
-ese	表某国人
-or	表……者，动作，性质
-ish	形容词后缀
-age	名词后缀，表状态、行为、结果
-ing	名词后缀，表动作的过程、结果
-tion，-sion	名词后缀，表行为的过程、结果、状况
-ment	名词后缀，表行为、状态、过程、结果
-able	形容词后缀，表属性、倾向、相关
-ness	名词后缀，表性质、状态、过程
-less	形容词后缀，表否定
-like	形容词后缀，表相像、类似

下面附上我们编写好的高中部分单词的记忆方法，仅供大家参考。

honest ['ɒnɪst] *adj.* 诚实的；正直的

拆分：ho（oh，哦）+ nest（鸟窝）

疯狂联想：哦！看到有人掏鸟窝，他马上举报，这么做事很诚实、很正直。

brave [breɪv] *adj.* 勇敢的

对比记忆：grave（墓穴）

疯狂联想：勇敢的人才敢独闯墓穴。

loyal [lɔɪəl] *adj.* 忠诚的；忠心的

谐音：老友

疯狂联想：老友是最忠诚的。

wise [waɪz] *adj.* 英明的；明智的；聪明的

对比记忆：wish（希望）

疯狂联想：每个人都希望自己是一个聪明的、英明的人。

handsome ['hænsəm] *adj.* 英俊的；大方的；美观的

拆分：hand（胳膊）+ some（一些）

疯狂联想：胳膊上有一些装饰物才是英俊的、美观的。

smart [smɑːt] *adj.* 聪明的；漂亮的；敏捷的

拆分：s（美女）+ mart（市场，商贸中心）

疯狂联想：这个漂亮的美女进军这个市场是很聪明的。

argue [ɑːgjuː] *vt.* 争论；辩论

谐音：阿Q

疯狂联想：阿Q总喜欢与人争论。

fond [fɒnd] *adj.* 喜爱的；多情的；喜欢的

谐音：方的

疯狂联想：方形的东西是他最喜爱的。

mirror ['mɪrə(r)] *n.* 镜子

谐音：迷人

疯狂联想：镜子能照出她迷人的外表。

fry [fraɪ] *vi.* 油煎；油炸

对比记忆：fly（苍蝇）

疯狂联想：油炸过的食物容易招来苍蝇。

gun [gʌn] *n.* 炮；枪

谐音：缸

疯狂联想：枪打在水缸上，水缸就会破裂。

hammer ['hæmə(r)] *n.* 锤子；槌

谐音：悍马

疯狂联想：他用锤子砸悍马牌的车。

saw [sɔː] *n./vi.* 锯

谐音：锁

疯狂联想：锁打不开了，只有用锯割开。

rope [rəʊp] *n*. 绳；索；绳索

对比记忆：rose（玫瑰花），p（汉语拼音，铺）

疯狂联想：把玫瑰花用绳索串起来铺成一个心形。

compass ['kʌmpəs] *n*. 罗盘；指南针

拆分：com [（e）来] + pass（通过）

疯狂联想：想来这里通过关卡，必须带指南针。

movie ['muːvi] *n*. 电影

拆分：i（我）+ move（移动）

疯狂联想：我看到人在屏幕上移动，这就是电影。

survive [sə'vaɪv] *vt*. 幸免于；从……中生还；*vi*. 幸存

谐音：射歪我

疯狂联想：他的箭射歪了，我才能幸存下来。

deserted [dɪ'zɜːtɪd] *adj*. 荒芜的；荒废的

谐音：低着踢它

疯狂联想：在荒芜的地上看到小动物，要低着头踢它才踢得到。

hunt [hʌnt] *vt*./*n*. 打猎；猎取；搜寻

谐音：喊他

疯狂联想：我喊他一起去打猎。

share [ʃer] vi. 分享；共有；分配；n. 共享；份额

谐音：鞋儿

疯狂联想：有很多鞋儿就要分享给其他人，大家共享。

sorrow [sɒrəʊ] n. 悲哀；悲痛

对比记忆：borrow（借）

疯狂联想：有人找你借东西不还，那是很令人悲痛的。

lie [laɪ] n. 谎话；谎言

对比记忆：die（死亡）

疯狂联想：说谎话的人是要受到死亡惩罚的。

adventure [əd'ventʃə] vi/n. 冒险；冒险经历

谐音：饿得吻球

疯狂联想：他饿得吻球，这是个很冒险的经历。

scare [skeə] v. 惊吓，受惊；n. 惊恐，恐慌

拆分：s（美女）+ care（照顾）

疯狂联想：美女总是照顾受了惊吓的人。

formal [fɔːml] adj. 正式的

拆分：for（给）+ ma（妈妈）+ l（形状像一朵花）

疯狂联想：在正式的节日里要送给妈妈一朵花。

error ['erə] *n.* 错误；差错

对比记忆：terror 恐怖，t联想到汉语拼音"他"

疯狂联想：他（t）犯了错误（error）后，就变得很恐怖（terror）了。

bathroom ['bæθruːm] *n.* 浴室；盥洗室；厕所

拆分：bath（谐音巴士）+ room（房间）

疯狂联想：人们经常在房间里的浴室或者厕所洗巴士。

towel ['tauəl] *n.* 毛巾，纸巾；抹布

谐音：桃儿

疯狂联想：桃儿要用毛巾擦干净后才可以吃。

lady ['leidɪ] *n.* 女士

谐音：泪滴

疯狂联想：女士的泪滴一般都很多。

landlady ['lændleɪdi] *n.* 女房东；老板娘

拆分：land（汉语拼音，懒的）+ lady（女士，女人）

疯狂联想：很懒的那个女人就是房东老板娘。

closet ['klɒzɪt] *n.* 壁橱；储藏室

拆分：close（关；关闭）+ t（形状像雨伞）

疯狂联想：关闭了雨伞后请放到储藏室或者壁橱里，不要随意乱丢。

pronounce [prə'naʊns] vt. 发音；宣告；断言

谐音：破浪时

疯狂联想：他宣告说等到他乘风破浪时他的英语发音就会很标准了。

broad [brɔːd] adj. 宽的

拆分：b（形状很像数字"6"）+ road（公路）

疯狂联想：6条车道的公路肯定很宽啊。

repeat [rɪ'piːt] vi. 重做；重复；复述；n. 重复；反复

拆分：re（重复；反复）+ peat（谐音批他）

疯狂联想：他犯了错误，老师重复不断地批他。

total ['təʊtl] n. 总数；合计；adj. 总的；全部的；整个的

谐音：土豆

疯狂联想：全部的土豆都是靠农民种植的。

tongue [tʌŋ] *n.* 舌头；语言；口语

谐音：汤

疯狂联想：喝汤的时候不要烫伤舌头，要不然语言表达会受到影响。

equal ['i:kwəl] *adj.* 相等的；胜任的；*vt.* 等于；比得上

谐音：一块儿

疯狂联想：大家都是一块儿生活的，所以都是平等的。

trade [treɪd] *n.* 贸易；商业

谐音：吹的

疯狂联想：商业贸易要靠诚信，是不能靠吹的。

tourism ['tʊərɪzəm] *n.* 旅游；观光

谐音：头晕着

疯狂联想：到处旅游观光，头到现在都晕着呢。

global ['gləʊbl] *adj.* 全球的；全世界的；球形的

谐音：割萝卜

疯狂联想：她到全世界各地去收割萝卜。

communication [kəˌmju:nɪ'keɪʃn] *n.* 交流；通信

谐音：可没有你开心

疯狂联想：他们住的地方通信落后，交流不便，不如你住得舒服，可没有你开心。

commander [kə'mɑ:ndə(r)] n. 司令官；指挥官

部分拆分：com [（e）来] + man（男人）

疯狂联想：上级派来了一个男人做我们的指挥官。

tidy ['taɪdi] adj. 整齐的；整洁的；vi. 整理；收拾

拆分：ti（汉语拼音，踢）+ d（形状像哨子）+ y（像扫帚）

疯狂联想：每次踢完足球，队长都会吹哨子叫大家用扫帚把场地打扫干净。

stand [stænd] n. 台；看台；摊，摊位

拆分：st（石头）+ and（和）

疯狂联想：石头和看台是放在一起的。

fall [fɔ:l] n. 下落；跌落；

谐音：佛

疯狂联想：如来佛从天上落下来是为了对付孙悟空。

publish ['pʌblɪʃ] vt. 发表；出版；公布

部分提取：pu（汉语拼音，铺）

疯狂联想：突然出版了很多书，可以铺满整间屋子了。

European [ˌjʊrə'piːən] *adj.* 欧洲的；欧洲人的

谐音：有人品

疯狂联想：欧洲人都很有人品。

howl [haʊl] *vi./n.* 号叫；怒吼；号哭

拆分：how（如何；怎样）+ l（棍子）

疯狂联想：如何使用棍子才能把人打得号叫怒吼？

cookbook ['kʊkˌbʊk] *n.* 食谱

拆分：cook（烹饪）+ book（书）

疯狂联想：食谱是教别人如何烹饪的书。

compare [kəm'per] *vt.* 比较

部分提取：com [（e）来]

疯狂联想：请你来比较一下。

replace [rɪ'pleɪs] *vt.* 替换

拆分：re（热）+ place（地方）

疯狂联想：天气热了就要替换到一个好的地方去乘凉。

means [miːnz] *n.* 手段；方法

部分提取：me（我）

疯狂联想：我有很多手段和方法。

transportation [ˌtrænspɔ'teɪʃən] n. 运输；运送

部分提取：sport（运动）

疯狂联想：我要运送一批运动员去参加比赛。

board [bɔːd] n. 上（船、飞机等）；木板；膳食；膳食费用

谐音：跛的

疯狂联想：一个走路有些跛的人上了甲板和飞机。

experience [ɪk'spɪəriəns] vt./n. 体验；经历；经验

字头提取：e（汉语拼音，鹅）+ x（形状像斧头）

疯狂联想：鹅有过被斧头砍伤的经历。

simply ['sɪmplɪ] adv. 仅仅；只不过；简单地；完全；简直

对比记忆：simple ['sɪmpl] adj. 简单的；单纯的，朴实的

疯狂联想：要把e（鹅）变成y（撑衣杆）只不过是一个简单的问题。

raft [ræft] vi. 乘筏；n. 木筏

拆分：r（人）+ a（一个）+ ft（汉语拼音，斧头）

疯狂联想：有一个人用一把斧头造了一个木筏。

vacation [veɪ'keɪʃən] n. 假期；休假

谐音：我开心

疯狂联想：要休假了我当然很开心了。

nature ['neɪtʃə] *n.* 自然；自然界；本性

拆分：na（那）+ ture（真实）

疯狂联想：那就是自然界的真实本性。

basic ['beɪsɪk] *adj.* 基本的；*n.* 基本；要素

部分拆分：ba（爸爸）+ ic（IC卡）

疯狂联想：爸爸告诉了我制造IC卡的基本要素。

equipment [ɪ'kwɪpmənt] *n.* 装备；设备

部分拆分：e（鹅）+ qu（去）

疯狂联想：鹅去拿游泳的装备了。

tip [tɪp] *n.* 指点；忠告；尖端；小费

拆分：t（他）+ ip（IP地址）

疯狂联想：他把电脑IP地址当作小费赏赐给我。

spider ['spaɪdə] *n.* 蜘蛛

谐音：失败的

疯狂联想：这只蜘蛛是失败的。

或者谐音：是白的

疯狂联想：这只蜘蛛是白色的。

paddle ['pædəl] *n.* 桨；球拍

谐音：胖的

疯狂联想：桨和球拍都是很胖的。

stream [stri:m] *n.* 溪；川；流

拆分：st（汉语拼音，舌头）+ re（热）+ am（我）

疯狂联想：我的舌头很热，所以跑到溪流里去喝水。

excitement [ɪk'saɪtmənt] *n.* 刺激；兴奋；激动

字头提取：e（鹅）+ x（形状像斧头）

疯狂联想：鹅被斧头砍了一下后非常激动和兴奋。

handle ['hændl] *n.* 柄；把手

谐音：憨豆

疯狂联想：憨豆先生拿着柄和把手在舞台上表演。

particular [pə'tɪkjələ(r)] *adj.* 特别的；特殊的

部分拆分：part（一部分）+ ic（IC卡）

疯狂联想：这一部分IC卡是很特殊的。

poison ['pɔɪzən] *n.* 毒物；毒药；*vt.* 下毒

拆分：po（婆）+ is（是）+ on（在……上面）

疯狂联想：阿婆是把毒药下在食物上的。

separate ['seprət] *adj.* 单独的；分开的；*vt.* 分开；隔离

部分拆分：s（蛇）+ e（鹅）+ ate（eat吃的过去式）

疯狂联想：我把蛇和鹅单独分开就是怕它们被吃掉了。

combine [kəm'baɪn] *vt./vi.* （使）联合；（使）结合

谐音：啃掰

疯狂联想：吃玉米要结合两种方法，边啃边掰。

task [tæsk] *n.* 任务；作业

拆分：ta（他）+ s（美女）+ k（机关枪）

疯狂联想：他和美女拿着机关枪完成了突袭任务。

host [həʊst] *vt.* 主办或主持某活动；*n.* 主人

部分提取：h（形状像椅子）

疯狂联想：主持人都是坐在椅子上主持节目的。

disaster [dɪˈzɑːstə(r)] *n.* 灾难；灾祸

谐音：dis（迪士尼）

疯狂联想：迪士尼乐园遇到了灾难。

rescue [ˈreskjuː] *n./vt.* 援救；营救

拆分：re（热）+ s（美女）+ cu（醋）+ e（鹅）

疯狂联想：热天，美女带着醋去营救快要中暑的鹅。

advance [ədˈvɑːns] *vt./vi.* 前进；提前；*n.* 前进；提升

谐音：饿得忘死

疯狂联想：他饿得都忘记了死，一心只想前进。

seize [siːz] *vt.* 抓住；逮住；夺取

谐音：狮子

疯狂联想：我抓住了这只狮子，夺取了它的地盘。

swallow [ˈswɒləʊ] *vt.* 咽；淹没；吞没；*n.* 吞咽；燕子

部分拆分：s（美女）+ wall（墙）

疯狂联想：美女站在墙上抓住了那只飞舞的燕子。

drag [dræɡ] *vt.* 拖；拖曳

部分提取：dr（汉语拼音，大人）

疯狂联想：小孩不听话，大人拖着他去上学。

struggle ['strʌgəl] *vi.* 努力；挣扎；斗争；*n.* 斗争；努力；战斗

部分提取：gg（汉语拼音，哥哥）

疯狂联想：我哥哥为了保卫国家努力斗争。

fight [faɪt] *vi.* 搏斗；斗争；争吵

对比记忆：f（雨伞），right（正确的），r（斧头）

疯狂联想：把雨伞换成斧头作为争吵、斗争的工具是正确的做法。

flow [fləʊ] *n./vi.* 流动

拆分：f（雨伞）+ low（低的）

疯狂联想：雨伞在水中当然是往低洼的地方流动了。

fright [fraɪt] *n.* 惊骇；吃惊

拆分：f（雨伞）+ right（正确的）

疯狂联想：我居然可以正确地制造出一把雨伞，这令大家很吃惊。

shake [ʃeɪk] *n./vt.* 震动；颤抖；*vt.* 摇动；摇

拆分：sha（杀）+ ke（客）

疯狂联想：酒店杀客宰客的现象成了震动全国的新闻。

stair [steə] *n.*（阶梯的）一级；楼梯

对比记忆：air（空气）

疯狂联想：楼梯里有很多空气。

strike [straɪk] vt./vi. 击打；碰撞；攻击

部分提取：st（汉语拼音，舌头）

疯狂联想：我吃了好多辣椒，辣得舌头不停地击打碰撞口腔。

destroy [dɪ'strɔɪ] vt. 摧毁；毁坏

部分提取：des（谐音的士）

疯狂联想：我摧毁了这辆违规的士。

tower ['taʊə] n. 塔；城堡

部分提取：tow（拖；拉）

疯狂联想：我用绳子把城堡和塔给拉倒了。

fear [fɪə(r)] n. 害怕；担心；vt./vi. 害怕；畏惧

拆分：f（雨伞）+ ear（耳朵）

疯狂联想：我很害怕，很担心耳朵被雨伞弄伤了。

opportunity [ˌɒpə'tjuːnɪtɪ] n. 机会；时机

部分提取：OPPO（手机的一个品牌）

疯狂联想：我终于有机会买一个OPPO手机了。

article ['ɑːtɪkl] n. 文章；论文

部分拆分：art（艺术品）+ cle（可乐）

疯狂联想：艺术家在完成艺术论文后都会喝可乐庆祝。

buddha ['bʊdə] n. 佛；佛像；佛陀

谐音：布的

疯狂联想：那些佛是用布做的。

touch [tʌtʃ] vi. 触摸；（使）接触；感动；n. 接触；联系

拆分：tou（偷）+ ch（吃）

疯狂联想：我在偷吃东西的时候都会先触摸一下看能不能吃。

naughty ['nɔːtɪ] adj. 顽皮的；淘气的

谐音：拿踢

疯狂联想：这个淘气的小男孩很顽皮，拿起东西就随便踢。

peanut ['piːˌnʌt] n. 花生

部分提取：pea（谐音皮）

疯狂联想：我吃花生时喜欢剥皮。

law [lɔː] n. 法律；法学；法规

谐音：锣

疯狂联想：我到处敲锣宣扬法律法学。

career [kə'rɪə(r)] n. 事业；生涯

部分提取：car（小轿车）

疯狂联想：我开着小轿车当赛车手的生涯即将结束。

drama ['drɑːmə] n. 戏剧；戏剧艺术

部分提取：dr（大人）

疯狂联想：大人们都喜欢看戏剧。

award [ə'wɔːd] n. 奖；奖品

部分提取：a（一个）+ w（皇冠）

疯狂联想：这次比赛的冠军奖品是一个皇冠。

choice [tʃɔɪs] n. 选择；抉择；精选品

谐音：缺椅子

疯狂联想：由于房间缺少椅子，所以我要选择一些东西来代替。

script [skrɪpt] n. 剧本；手稿；手迹

部分提取：s（美女）+ c（形状像月饼）

疯狂联想：美女边吃月饼边看手稿和剧本。

studio ['stjuːdɪəʊ] n. 摄影棚（场）；演播室；画室；工作室

部分提取：s（美女）+ tu（土豆）

疯狂联想：美女在摄影棚和工作室里吃土豆。

creature ['kriːtʃə] n. 生物；动物

部分提取：creat（创造）

疯狂联想：上帝创造了生物。

adult ['ædʌlt] *n.* 成人；成年人

谐音：鹅打他

疯狂联想：他是成年人，鹅就打他。

peace [piːs] *n.* 和平；和睦；安宁

谐音：劈死

疯狂联想：劈死了战争之神，世界就和平安宁了。

accept [ək'sɛpt] *vt.* 接受；认可；*vi.* 同意；承认

部分提取：pt（汉语拼音，葡萄）

疯狂联想：a和c接受了我送给他们的葡萄。

icy ['aɪsɪ] *adj.* 寒冷的；冰冷的

部分提取：ic（IC卡）

疯狂联想：IC卡摸上去冰冷冷的。

leader ['lidə] *n.* 领导者；指挥者；首领

谐音：领导

疯狂联想：指挥者和首领肯定是领导。

boss [bɔːs] *n.* 老板；上司

谐音：博士

疯狂联想：博士最后都会成为老板和上司。

comment ['kɒment] *n./vt.* 评论；注释；意见

拆分：com[（e）来] + men（男人）

疯狂联想：来了一群男人评论这件事，还提了很多意见。

action ['ækʃən] *n.* 动作；情节；作用；举动

部分提取：tion（谐音神）

疯狂联想：a和c能够模仿神的动作。

apologize [ə'pɒlədʒaɪz] *vi.* 道歉

部分提取：ap（apple的缩写，苹果）

疯狂联想：他偷吃了我的苹果，所以向我道歉。

fault [fɔ:lt] *n.* 过错；缺点；故障；毛病；*vt.* 挑剔；*vi.* 弄错

部分提取：fa（发现）+ u（杯子）

疯狂联想：我发现这个杯子有很多缺点和毛病。

forgive [fə'gɪv] *vt.* 原谅；饶恕

部分提取：f（雨伞）+ give（给）

疯狂联想：我把雨伞给了她，想求得她的原谅。

napkin ['næpkɪn] *n.* 餐巾；餐巾纸

部分提取：na（那）+ p（皮鞋）

疯狂联想：那双皮鞋上有餐巾纸。

dessert [dɪ'zɜːrt] *n.* 甜点

部分提取：des（谐音的士）

疯狂联想：的士里面有很多甜点是给乘客吃的。

damp [dæmp] *adj.* 潮湿的

折分：da（大）+ mp（MP3）

疯狂联想：这个大的MP3是潮湿的。

custom ['kʌstəm] *n.* 习惯；风俗

部分提取：cu（醋）

疯狂联想：过节时喝醋是一种习俗。

course [kɔːrs] *n.* 一道菜；过程；课程

部分提取：c（月饼）+ our（我们的）

疯狂联想：月饼是我们的一道菜。

bone [bəʊn] *n.* 骨；骨头

折分：b（笔）+ one（一个）

疯狂联想：这支笔是用一块骨头做成的。

advice [əd'vaɪs] *n.* 忠告，建议

部分提取：ad（AD钙奶）

疯狂联想：我建议小孩子要多喝AD钙奶。

formal ['fɔːməl] *adj.* 正式的；正规的

谐音：佛门

疯狂联想：佛门是一个很正式的地方。

mix [mɪks] *vt.* （使）混合；混淆

拆分：mi（米）+ x（斧头）

疯狂联想：米和斧头不能混合在一起。

stare [steə（r）] *vi.* 凝视；盯着看

拆分：star（明星）+ e（鹅）

疯狂联想：明星在出场时带着一只鹅，大家都凝视着、盯着看。

relic ['relɪk] *n.* 遗物；遗迹；纪念物

部分拆分：re（热）+ ic（IC卡）

疯狂联想：今天很热门的IC卡将来必定成为文物和人们的纪念物。

capsule ['kæpsjuːl] *n.* 太空舱；胶囊

部分提取：PS

疯狂联想：这张图片上的太空舱被PS处理过。

include [ɪn'kluːd] *vt.* 包括；包含

部分提取：in（在……里面）+ c（月饼）+ l（鱼钩）

疯狂联想：在月饼里面包着一个鱼钩。

ruin ['ruːɪn] *n*. 废墟；遗迹；毁灭；崩溃

部分提取：r（形状像小树苗）+ u（水桶）

疯狂联想：把小树苗丢进水桶里毁灭了。

burn [bɜːn] *vt*. 焚烧；烧焦；点（灯）

拆分：bu（汉语拼音，不）+ r（汉语拼音，让）+ n（形状像门）

联想：不要让门被烧焦了。

restore [rɪ'stɔː(r)] *vt*. 修复；重建

部分提取：rest（休息）

联想：在休息的时候请把那些损坏的东西修复好。

beauty ['bjuːtɪ] *n*. 美；美景；美好的东西

谐音：不要踢

联想：不要把美好的东西给踢走了。

bronze [brɒnz] *n*. 青铜

部分提取：br（白人）+ on（在……上面）

联想：白人在造青铜器上有很高超的技术。

unite [juːnaɪt] *vi*. 联合；团结

拆分：u（大容器）+ ni（你）+ te（特）

联想：在大容器中你要和大家特别团结联合才能逃出险境。

vase [vɑːz] *n.* 花瓶，瓶

谐音：袜子

联想：我把臭袜子塞进花瓶中。

stone [stəʊn] *n.* 石；石头；宝石

谐音：石头

damage ['dæmedʒ] *vt./n.* 损害；伤害

拆分：dama（拼音大妈）+ ge（哥哥）

联想：大妈伤害了哥哥。

brick [brɪk] *n.* 砖；砖形物

拆分：br（白人）+ ic（IC卡）+ k（机关枪）

联想：白人用IC卡和机关枪做了一块砖头。

cave [keɪv] *n.* 洞穴；窑洞

谐音：克服

联想：在窑洞里面工作，我们要克服艰苦的条件。

carbon ['kɑːrbən] *n.* 碳元素

部分提取：car（小轿车）

联想：这个小轿车是用碳元素做成的。

breath [breθ] n. 呼吸；气息

对比记忆：bread（面包）

联想：吃面包的时候我们要边呼吸边吃。

limit ['lɪmɪt] vt. 限制；限定；n. 界限；限度

部分提取：limi（汉语拼音，厘米）

联想：我们要以厘米为单位划分一个限制区域。

第 7 章

解密竞技表演记忆力比赛项目

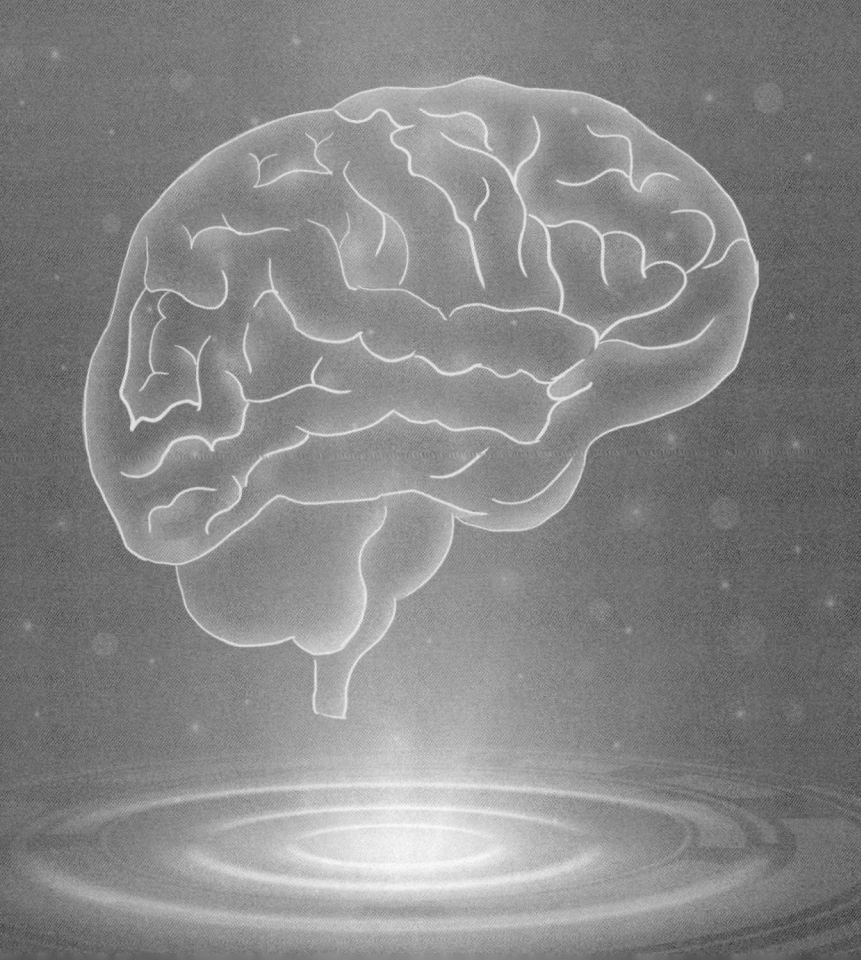

很多读者朋友在电视里看到过记忆力表演类节目，比如记忆大师将一副别人洗过、打乱的扑克牌拿在手上，快速地看一遍，只需要几分钟就记住了，又比如在很短的时间内将满屏幕的无规律数字读一遍全记住，堪称过目不忘，甚是叫人佩服。大家都很好奇他们究竟是如何做到的。如此好的记忆力到底是天生的，还是后天学习的呢？

在学习记忆法的过程中，我从对记忆大师们记忆能力的惊叹，转变为对自己记忆潜力的自信，因为我发现自己经过一个月的训练后，也能够在2分钟内记住一整副打乱顺序的扑克牌。后来，我更是参加了世界脑力锦标赛，从而在记忆法训练的道路上越走越远。

本章将专门为大家解密竞技比赛里面的一些项目以及《最强大脑》里那些惊为天人的选手背后的秘密。

第1节 如何5分钟记住100个无规律数字

该如何去记单纯的数字信息呢？根据数字的长短，我们可以选择不同的方法。比如，131562187978，对于这种短小的数字串，用地点定位法显得有些麻烦，用编码法更加简单快捷。

示例："131562187978"的编码分别是：医生、鹦鹉、牛儿、腰包、气球、青蛙。

我们可以将编码串联在一起，编成如下故事：一位医生拿着一只鹦鹉去喂给牛儿吃，吃完后牛儿用腰包装着气球去送给青蛙。

但如果要记忆超长的数字串，如圆周率，用编码法是行不通的，这时候需要采用地点定位法。比如，"0978"这组数字对应的地点是阳台。使用地点定位法，要先将数字转换成词语，09是小猫，78是青蛙，我们可以这么去联想：阳台上有一只小猫正在抓青蛙。下面用10个地点给大家做一个示范，让大家了解如何用地点定位法一遍记住40个无规律数字：

9203　6972　9746　3756　4739　2096　2906　3810　3068　1846

我们还是使用第2章介绍地点定位法时用到的那组地点：

第一组数字9203：92的编码是足球，03的编码是凳子，我们可以联想一个足球飞到树根下面，掉在了树根那里的凳子上面。

第二组数字6972：69的编码是料酒，72的编码是企鹅，我们可以联想一瓶料酒飞过去砸中了停在鸟笼上的一只企鹅。

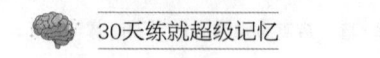

第三组数字9746：97的编码是酒旗，46的编码是饲料，我们可以联想一面酒旗飘过去盖在了树顶上的一袋饲料上。

第四组数字3756：37的编码是山鸡，56的编码是葫芦，我们可以联想阳台那里有一只山鸡正在吃一个葫芦。

第五组数字4739：47的编码是司机，39的编码是三角尺，我们可以联想一个司机在屋顶上用三角尺写字。

第六组数字2096：20的编码是香烟，96的编码是旧炉，联想到一根香烟飞进了窗台边的一个旧炉子里面。

第七组数字2906：29的编码是二舅，06的编码是手枪，想象二舅站在门口用手枪把门打破了。

第八组数字3810：38的编码是妇女，10的编码是棒球，想象一个妇女在台阶那里用棒球用力地敲击地板。

第九组数字3068：30的编码是三轮车，68的编码是喇叭，想象狗被一辆载着巨型喇叭的三轮车碾压过去。

第十组数字1846：18的编码是腰包，46的编码是饲料，想象我提着一腰包的饲料正在往水池里倒。

10组数字分别对应10组地点，在使用地点定位法时，最重要的是脑海中浮现出的画面要清晰。请你在记忆完毕后合上书，试着检验自己能否根据地点回忆出刚才记忆的40个数字。

在掌握方法后，可以加强训练，前期训练以一次记住40个数字为目标，根据水平的提升以及个人的训练成绩再不断地调整。给自己制订一个训练目标，坚持每天训练2小时，不出1个月，你就可以达到5分钟记住100个数字的水平了。

第2节 如何做到2分钟记住一副打乱的扑克牌

记扑克牌跟记数字一样，属于信息量比较大的记忆任务，因此，也需要用地点定位法。即需要将扑克牌转化成特定的编码，也就是图像，然后将每两个图像放在一个地点上编成一个动态的画面。

在记忆法训练中，我们习惯将52张扑克牌与数字对应进行编码，如下表：

花色	数字	花色	数字	花色	数字	花色	数字
黑桃A	11	红桃A	21	梅花A	31	方块A	41
黑桃2	12	红桃2	22	梅花2	32	方块2	42
黑桃3	13	红桃3	23	梅花3	33	方块3	43
黑桃4	14	红桃4	24	梅花4	34	方块4	44
黑桃5	15	红桃5	25	梅花5	35	方块5	45
黑桃6	16	红桃6	26	梅花6	36	方块6	46
黑桃7	17	红桃7	27	梅花7	37	方块7	47
黑桃8	18	红桃8	28	梅花8	38	方块8	48
黑桃9	19	红桃9	29	梅花9	39	方块9	49
黑桃10	10	红桃10	20	梅花10	30	方块10	40
黑桃J	51	红桃J	52	梅花J	53	方块J	54
黑桃Q	61	红桃Q	62	梅花Q	63	方块Q	64
黑桃K	71	红桃K	72	梅花K	73	方块K	74

在练习记忆扑克牌之前，首先得把这些编码记熟，我们可以使用读牌的方式练习。首先，准备一副扑克牌、一个秒表。在练习时，先开始计时，然后每看一张牌，在脑海中反应出这张牌的编码，直到52张全部过完再停止计时。最开始反应会比较慢，坚持训练直到52张牌的总读牌时间在1分钟以内，就可以开始训练记忆扑克牌了。

以以下4张牌为例，为大家介绍如何使用地点定位法记忆扑克牌。

我们使用下图中的地点桩来记。第一个地点是音响，对应第一、第二张牌。我们可以想象这样一幅画面：一头山鹿（36）把一个工人（51）狠狠地顶到了音响上。脑海中要浮现出一头鹿正用角顶住工人肚子的画面，越逼真越好。

第二个地点是桌子，对应第三、第四张牌，我们可以这么想象：桌子上三条丝巾（34）正在捆绑一个骑士（74）。

有的读者可能在这里会好奇，桌子那么小，骑士那么大，如何能联系在一起呢？其实，这种编码大、地点小的情况在地点定位法中很常见，碰到这种情况我们的做法是将编码玩具化、模型化，就是把此处的编码想象成一个玩具模型。我们可以想象桌子上有三条丝巾正在捆绑放在桌子上的一个骑士玩具模型。

训练扑克牌记忆的初期，不要追求速度，要尽可能把每一个地点上的画面想清楚，包括画面的细节，以及我们看到画面的视觉角度等。随着训练的深入，记忆和想象能力提升，速度也会慢慢地提升。

下面是新手练习扑克牌记忆的训练计划，大家可以参考。

（1）初期练习读牌，目标为达到1分钟以内。

（2）找地点桩。26个一组，数量没有限制，越多越好，但不得低于10组。

（3）开始练习记牌，用秒表计时，记牌结束，按下暂停，用另外一副牌把自己记住的顺序摆出来，核对答案。

（4）坚持训练，制订训练计划，每天早晚各训练1小时。

坚持1个月，通常就可以达到在2分钟以内记住一整副扑克牌的顺序。

第3节 《最强大脑》"广场迷踪"项目解密

8个无线音频传输器，队伍被等分为8大方阵，每方阵81人，648副耳机，分别跳属于自己方阵的舞蹈。共8支舞曲、8种舞步，舞者按编号站位，同步开始进行对应舞蹈展示，舞蹈时间为选手观察记忆时间。随后选手戴上眼罩，待舞者随机打乱站位后，在现有站位展示自己的舞蹈动作，选手再度观察。全部程序结束后，选手随机抽取原有方阵号码还原最初的方阵舞者（如下图）。

这就是《最强大脑》舞台上有史以来参演人数最多、阵容最宏大的项目"广场迷踪"。看过这个项目的读者都好奇，那么多的人，动作如此杂乱，如何在那么短的时间内完成记忆呢？下面我就为大家来解密一下这个项目。

舞蹈动作属于比较抽象的信息，而且是动态的，不像静态的信息，可以前后反复观察找出不同点，所以我当时的做法是观察动作特点。比如，有的动作像螃蟹，还有的动作像小虾。然后我把这些联想跟对应的方阵编号联系在一起。这里用到的就是我们前面讲过的数字编码定位法，将联想内容跟数字联系到一起。

比如，假如一号方阵的舞蹈动作像螃蟹，1的编码是蜡烛，我们就可以想象用一支蜡烛烧烤螃蟹；二号方阵的舞蹈动作像射箭，2的编码是鸭子，我们就可以想象用箭射死了一只鸭子。为记忆这个项目，我预先准备了8组地点桩，每组81个地点。

舞者们打乱顺序随机跳舞时，尽管每个人跳得都不一样，但是都有一个可供回忆的联想特点，这时候我可以根据动作判断某位舞者是不是我要找的人，如果她的动作是5号方阵原先的动作，我就马上记住她脚下对应的数字号码，然后放进对应的那一组地点桩里面。等到沙盘还原时，我只要根据方阵回忆自己所记住的数字号码，报出号码即可。

第4节 《最强大脑》"特工风暴"项目解密

12个密码箱，12名观众现场随机设置12组四位数的密码。挑战者听记密码，听完后根据所听到的密码打开密码箱。

这是《最强大脑》第一季的选手陈俊生挑战的项目"特工风暴"。本节我们用图文并茂的方式来给大家解密这个项目。

前面已经带着大家学习了记忆数字和扑克牌的方法，认真训练过的读者，此时应该能轻松做到5分钟记住40个数字。而"特工风暴"这个项目的本质其实就是记忆数字。首先，我们要准备12组地点桩用来记忆数字，如下图。

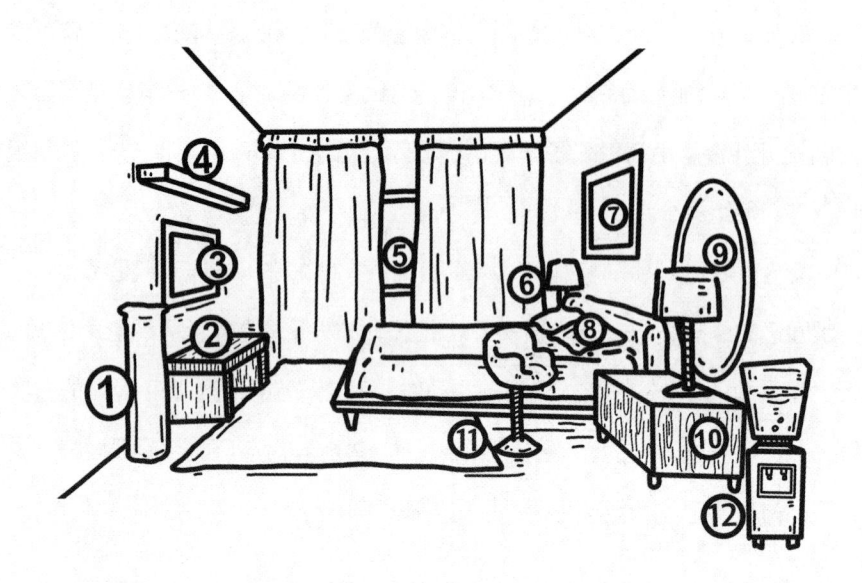

现场有12个箱子，这12个箱子都是有序号的，按照1~12的顺序排列。在现场随机挑选12名观众，每名观众说四位数的密码，一共12组数字，分别对应12个箱子，可以看下图。

01	02	03	04	05	06
7963	0715	8919	8516	4752	2683

07	08	09	10	11	12
5469	9529	7902	8718	1748	9357

| 第7章 | 解密竞技表演记忆力比赛项目 |

在节目开始前,选手已经预先把12个箱子的编号同步到了12个地点桩上,即每个地点桩对应一个密码箱。当观众报出数字的时候,选手就把这一组数字放到对应的地点桩上,如下图。

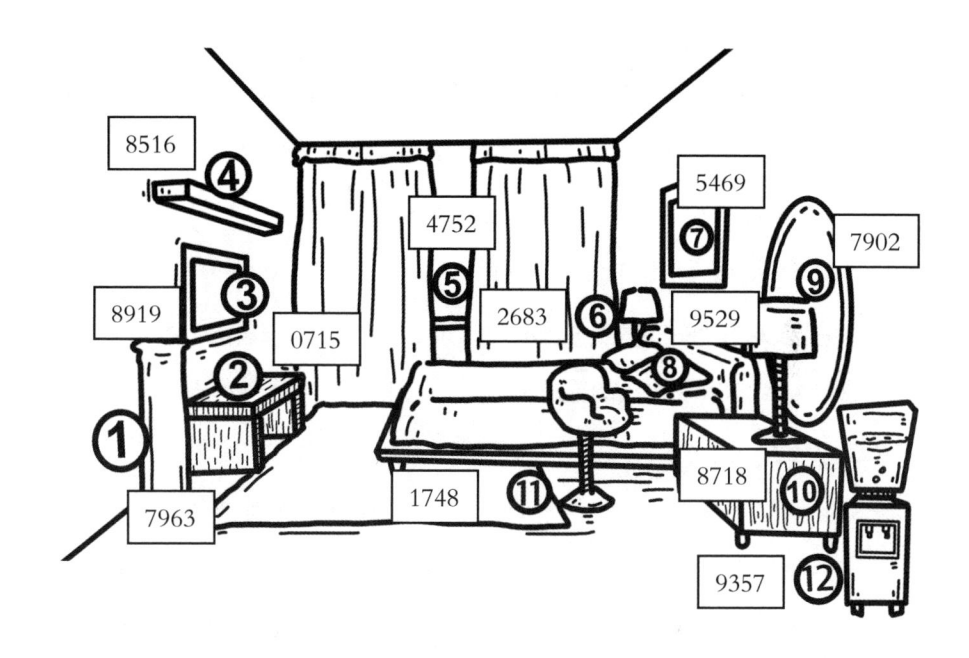

如此一来,整个挑战项目就被简化成了用12个地点桩记忆48个数字,对于我们来说就变得很简单了。看到这里,各位读者应该都明白这个项目的原理了吧?有兴趣的读者还可以试着重新看一次节目,自己跟着节目的节奏来挑战一下。

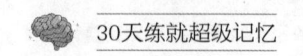

第5节 《最强大脑》"窃听风云"项目解密

30位职场丽人，每人随机设置8位数密码。她们依次在电话按键上输入密码，然后说出自己的暗语，挑战者盲听匹配后，嘉宾随机挑选出5位职场丽人，选手依据丽人的声音，写出对应的密码。

这个项目的难点在于选手需要通过按键声音来获得数字密码。而在节目中，数字对应的按键声音是现场随机匹配的。

按照这个规则，把电话机的0~9键依次按完，一共会产生10种不同音色的声音，选手要记住这10种声音分别对应的数字。这对于没有学过记忆法的人来说还是很有难度的，因为只能听记，找不到眼睛能看到的特点。

要完成这一环节，我们就要学会根据声音的不同音色、音调等方面去找特征，也可以把所听到的声音跟我们平时熟悉的朋友、亲人甚至是动物的声音联系起来。

比如，某位职场女性的声音很像自己的一个同学，我们就可以用自己的同学为线索去记忆她；某位职场女性的声音像自己的某个好朋友，就可以用这个好朋友为线索去记忆这一位。以此类推，我们可以把30个人的声音都用自己熟悉的事物去联系记忆。

然后，用地点定位法记住这个熟悉事物对应的那一组密码，每组密码的8个数字刚好可以用两个地点桩来定位记忆。我们用下面的图来简化这个项目。

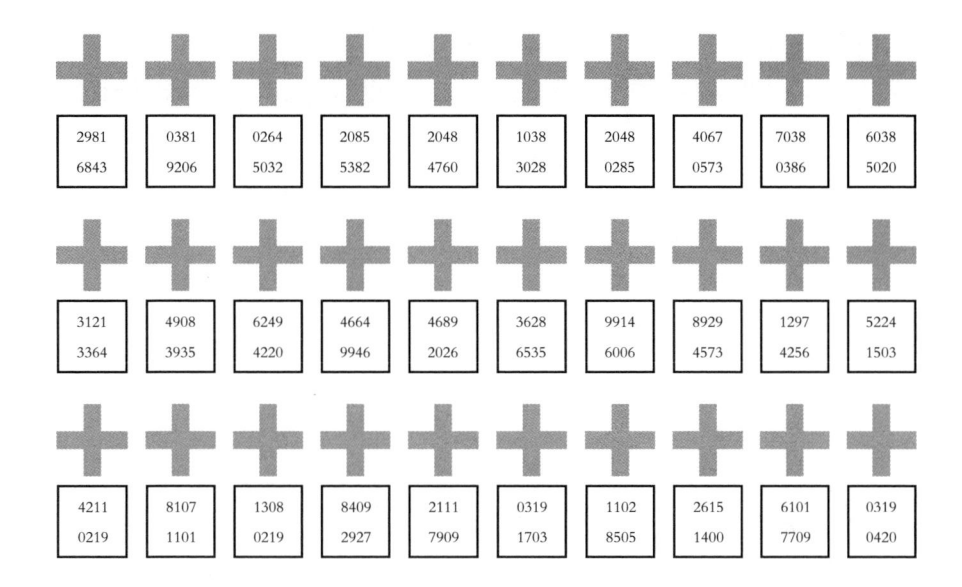

位置	数字
1	2981 6843
2	0381 9206
3	0264 5032
4	2085 5382
5	2048 4760
6	1038 3028
7	2048 0285
8	4067 0573
9	7038 0386
10	6038 5020
11	3121 3364
12	4908 3935
13	6249 4220
14	4664 9946
15	4689 2026
16	3628 6535
17	9914 6006
18	8929 4573
19	1297 4256
20	5224 1503
21	4211 0219
22	8107 1101
23	1308 0219
24	8409 2927
25	2111 7909
26	0319 1703
27	1102 8505
28	2615 1400
29	6101 7709
30	0319 0420

每个人8个数字，一共是240个数字。我们可以提前选择60个地点作为地点桩。当第一位丽人输入8位数密码时，挑战选手就会根据电话按键的声音判断出是哪8位数，并用两个地点把这8个数字记下来。

当听到丽人说出暗语时，选手便把她的音色记下来，比如第一位丽人的音色像自己的同学A的声音，选手就可以记住第一组的两个地点对应的是A。第二位丽人打出8位数密码时，同样地，选手根据电话按键的声音判断出是哪几个数字，然后用第三、第四个地点记下来，听到丽人的暗语时，找到音色特点，如第二个丽人的声音像同学B，就记住第三、第四个地点对应的是B……把每组信息都匹配起来，我们就完成了定位。

当嘉宾从丽人中随机抽选时，选手听她们说暗语，根据声音判断出匹配的地点，地点上的密码数字也就呈现出来了。